解题策略

Problem-Solving Strategies

10种核心数学思维与例题详解

［美］阿尔弗雷德·S.波萨门蒂
［美］斯蒂芬·克鲁利克
著

涂泓 冯承天
译

上海科技教育出版社

图书在版编目(CIP)数据

解题策略:10种核心数学思维与例题详解/(美)阿尔弗雷德·S.波萨门蒂,(美)斯蒂芬·克鲁利克著;涂泓,冯承天译. -- 上海：上海科技教育出版社,2025.8. -- ISBN 978-7-5428-8325-4

Ⅰ.O1.49

中国国家版本馆CIP数据核字第2024QU3171号

我们将这本论述数学解题技巧的书献给我们的后代,使得他们也热爱数学,希望他们因数学的力量和优美而学会热爱数学!

献给我的子女和孙辈——丽莎(Lisa)、丹尼尔(Daniel)、戴维(David)、劳伦(Lauren)、麦克斯(Max)、塞缪尔(Samuel)和杰克(Jack),他们拥有无限的未来。

——阿尔弗雷德·S.波萨门蒂

献给南希(Nancy)、丹(Dan)、杰夫(Jeff)、艾米(Amy)、阿曼达(Amanda)、伊恩(Ian)、莎拉(Sarah)和艾米丽(Emily)。

——斯蒂芬·克鲁利克

■ 关于作者

阿尔弗雷德·S.波萨门蒂目前是美国纽约梅西学院(Mercy College)的数学教育教授,并担任教育学院院长。他曾是美国纽约城市大学纽约市技术学院(New York City College of Technology of the City University of New York)的杰出讲师。他是纽约城市大学城市学院(The City College of the City University of New York)的数学教育荣誉退休教授和教育学院前任院长,并在那里工作了40年。他为教师、中小学生以及广大读者独立撰写及合作撰写了超过60部数学图书。波萨门蒂博士也经常在报纸和期刊上发表评论,讨论与教育相关的话题。

在纽约城市大学亨特学院(Hunter College)取得了数学学士学位后,他在纽约市布朗克斯区的西奥多·罗斯福高中(Theodore Roosevelt High School)担任数学教师。他在那里专注于提高学生的解题技巧,同时使学生接触到远远超出传统教科书所涵盖的内容。在那里的6年任期内,他还建立了学校的第一批数学团队(包括初级和高级)。他目前仍然在与国内外的数学教师和导师们一起努力,帮助他们最大限度地提高教学效率。

1966年,他在纽约城市学院获得硕士学位,并在1970年入职该校后,立即开始为中学数学教师开发在职课程,其中包括趣味数学和数学解题等特殊领域。由于他曾担任城市学院下的教育学院院长达10年,因此他对教育问题的兴趣范围涵盖了教育课题的方方面面。在担任院长期间,他在2009年通过一次完美的NCATE[①]认证评估将学校从纽约州排名垫底提升到了榜首。

[①] NCATE是美国国家教师教育认证委员会(National Council for Accreditation of Teacher Education)的缩写。——译注

2014年，波萨门蒂博士在梅西学院重复了这一成功转变，再获佳绩。梅西学院下的教育学院成为美国当时唯一一所同时获得NCATE和CAEP①完美初始认证评级的学院。

1973年，波萨门蒂博士在纽约福德汉姆大学（Fordham University）获得数学教育博士学位，并在此之后将其在数学教育方面的声誉扩展到了欧洲。他曾在奥地利、英国、德国、捷克、土耳其和波兰的几所欧洲大学担任客座教授。1990年，他在奥地利维也纳大学（University of Vienna）任富布赖特教授（Fulbright Professor）②。

1989年，英国伦敦南岸大学（South Bank University）授予他荣誉研究员职位。为了表彰他在教学方面的杰出表现，纽约城市大学校友会分别于1994年和2009年授予他"年度教育家"称号。纽约市议会议长将纽约市的1994年5月1日这一天以他的名字命名。1994年，他还被授予奥地利共和国荣誉勋章（Grand Medal of Honor）。1999年，经议会批准，奥地利共和国总统授予他奥地利大学教授（University Professor of Austria）的头衔。2003年，他被授予维也纳技术大学（Vienna University of Technology）荣誉研究员（Ehrenbürgerschaft）头衔。2004年，他又被奥地利共和国总统授予奥地利一等艺术和科学荣誉十字勋章（Austrian Cross of Honor for Arts and Science, First Class）。2005年，他被列入亨特学院校友名人堂。2006年，他被城市学院校友会授予著名的汤森·哈里斯奖章（Townsend Harris Medal）。2009年，他入选纽约州数学教育家名人堂（New York State Mathematics Educator's Hall of Fame）。2010年，他在柏林获得了令人向往的克里斯蒂安·彼得·伯思奖（Christian Peter Beuth Prize）。

他在纽约州当地数学教育界担任过许多重要领导职务。他曾是纽约州数学-A高中会考教育专员蓝丝带小组（New York State Education Commis-

---

① CAEP是美国教育工作者预备资格认证委员会（Council for the Accreditation of Educator Preparation）的缩写。——译注

② 富布赖特项目（Fulbright Program）是世界上规模最大、声誉最高的国际交流计划，是根据美国前参议员J. 威廉·富布赖特（J. William Fulbright）提出的立法于1946年建立的。——译注

sioner's Blue Ribbon Panel on the Math-A Regents Exams)成员,还曾是纽约州教育局局长数学标准委员会(Commissioner's Mathematics Standards Committee)成员,该委员会重新界定了纽约州的数学标准。此外,他还曾是纽约市学校校长数学顾问小组(New York City schools' Chancellor's Math Advisory Panel)的成员。

波萨门蒂博士是一位教育问题评论者,他保持着长期以来的热情,寻求使教师、学生和公众都对数学感兴趣的各种方法——这可以从他最近撰写的一些书中看出:《心中有数:数字的故事及其中的宝藏》(*Numbers: There Tales, Types, and Treasures*, Prometheus Books, 2015)①,《中学数学教学:技巧与充实》(*Teaching Secondary Mathematics: Techniques and Enrichment Units*, 9th Ed., Pearson, 2015),《数学奇趣:一个意想不到的乐趣宝库》(*Mathematical Curiosities: A Treasure Trove of Unexpected Entertainments*, Prometheus, 2014),《几何:元素和结构》(*Geometry: Its Elements and Structure*, Dover, 2014),《精彩的数学错误》(*Magnificent Mistakes in Mathematics*, Prometheus Books, 2013)②,《数学课堂上常见的100个问题:促进数学理解的答案(6—12年级)》(*100 Commonly Asked Questions in Math Class: Answers that Promote Mathematical Understanding, Grades 6—12*, Corwin, 2013),《成功的数学老师做什么(6—12年级)》(*What Successful Math Teachers do-Grades 6—12*, Corwin, 2013),《三角形的秘密:一段数学旅程》(*The Secrets of Triangles: A Mathematical Journey*, Prometheus Books, 2012),《辉煌的黄金比例》(*The Glorious Golden Ratio*, Prometheus Books, 2012),《激励学生的数学教学艺术》(*The Art of Motivating Students for Mathematics Instruction*, McGraw-Hill, 2011),《毕达哥拉斯定理:力量与荣耀》(*The Pythagorean Theorem: Its Power and Glory*, Prometheus, 2010),《数学惊奇和惊喜:迷人的数字和值得注意的数字》(*Mathematical Amazements and Surprises: Fascinating Figures and Noteworthy Numbers*, Prometheus, 2009),《数学中的解题(3—6年级):深化理解的强大策略》

---

① 此书中译本由世界知识出版社出版,吴朝阳译,2019年。——译注
② 此书中译本由华东师范大学出版社出版,李永学译,2019年。——译注

(*Problem Solving in Mathematics: Grades 3—6: Powerful Strategies to Deepen Understanding*, Corwin, 2009),《得到高效优雅解答的解题策略(6—12年级)》(*Problem-Solving Strategies for Efficient and Elegant Solutions, Grades 6—12*, Corwin, 2008),《惊人的斐波纳契数》(*The Fabulous Fibonacci Numbers*, Prometheus Books, 2007),《数学 K-9 教科书系列进展》(*Progress in Mathematics K-9 textbook series*, Sadlier-Oxford, 2006—2009),《成功的数学老师做什么(K-5年级)》(*What successful Math Teacher Do: Grades K-5*, 2007),《中学数学教师的示范实践》(*Exemplary Practices for Secondary Math Teachers*, ASCD, 2007),《101+引入数学关键概念的伟大想法》(*101+ Great Ideas to Introduce Key Concepts in Mathematics*, Corwin, 2006),《π,世界上最神秘数字的传记》(*π, A Biography of the World's Most Mysterious Number*, Prometheus Books, 2004),《数学奇观:让数学之美带给你灵感与启发》(*Math Wonders: To Inspire Teachers and Students*, ASCD, 2003)[①],《数学魅力:给头脑的诱人花絮》(*Math Charmers: Tantalizing Tidbits for the Mind*, Prometheus Books, 2003)。

[①] 此书中译本由上海科技教育出版社出版,涂泓译,冯承天译校,2016年。——译注

■ 关于作者

斯蒂芬·克鲁利克是美国费城的坦普尔大学(Temple University)的数学教育荣誉退休教授。在坦普尔大学期间,克鲁利克博士负责帮助本科生和研究生成为K-12年级的数学教师,以及负责在职数学教师就读研究生的准备性训练。他开设了丰富多样的课程,其中包括数学史、数学教学方法和解题教学。其中解题教学这门课程源于他对数学课堂上解题和推理的兴趣。他注重培养学生对解题之美的感知、对其重要性的认识,以及逻辑推理能力,这导致了他自身对解题产生了浓厚的兴趣。

克鲁利克博士在纽约城市大学布鲁克林学院(Brooklyn College of the City University of New York)获得数学学士学位,在哥伦比亚大学教育学院(Columbia University's Teachers College)获得数学教育专业的硕士学位和教育博士学位。在加入坦普尔大学之前,他在纽约市的公立学校教了15年数学。在布鲁克林的拉斐特高中(Lafayette High School),他首创并开设了多门专为学生备考SAT考试的课程。同时,他在日常教学中强调解题的艺术,而不是死记硬背的算法。

在美国国家层面,克鲁利克博士是美国国家数学教师委员会(National Council of Teachers of Mathematics,缩写为NCTM)负责制定《数学教学专业标准》(*Professional Standards for Teaching Mathematics*)的委员会成员。他还是1980年美国国家数学教师委员会年鉴《学校数学解题》(*Problem Solving in School Mathematics*)的编辑。在地区范围内,他曾担任过新泽西州数学教师协会(Association of Mathematics Teachers of New Jersey)主席,是1993年出版的《新泽西计算器手册》(*New Jersey Calculator Handbook*)编辑团队的成员,也是他们在1997年出版的专著《明日之课》(*Tomorrow's Lessons*)

的编辑。

他的主要兴趣领域是解题和推理的教学、数学教学资料,以及数学综合评价。他为数学教师独立撰写及合作撰写了30多部书籍,其中包括《推理之路(1—8年级)》[*Roads to Reasoning*(Grades 1—8)]和《题目驱动的数学(3—8年级)》[*Problem Driven Math*(Grades 3—8)]。克鲁利克博士也是基础教科书系列的资深解题作者,经常为数学教育专业期刊撰稿。他曾担任美国和加拿大各地许多学区的顾问,并为这些学区举办了许多讲习班,还在奥地利的维也纳、匈牙利的布达佩斯、澳大利亚的阿德莱德和波多黎各的圣胡安发表过重要演讲。无论在国内还是国际的专业会议上,他都是一位非常受欢迎的演讲者,他主要的大会报告是论述如何帮助所有学生在数学课堂上思考和解题,并且在生活中也能思考和解决问题。

2007年,坦普尔大学授予他"优秀教师奖"(Great Teacher Award)。2011年,美国国家数学教师委员会授予他数学教育杰出贡献终身成就奖(Lifetime Achievement Award for Distinguished Service to Mathematics Education)。

引 言

自20世纪80年代以来,解题、推理和批判性思维一直是美国中小学数学课程的主要内容,随后也成为全世界许多地方的中小学数学课程的主要内容。事实上,早在1977年,美国国家数学督导委员会(National Council of Supervisors of Mathematics)就提出:"学会解题是学习数学的主要动机。"毕竟,如果一个人不知道什么时候去做某件事(代数),那知道了如何去做这件事又有什么用呢?解题运动一直不断地高涨,逐渐包含了数学研究的很大一部分,甚至延伸到日常生活中面临的各种问题。即使是一个看似很简单的问题,比如过马路:当我们从一个国家到另一个国家,而这两个国家要求汽车在道路的不同侧行驶时,这个问题就会变得复杂,需要明确地思考。

在开始谈论解题之前,我们应该先确定是什么构成了题目。题目是个人所面临的一种需要解决的情况,但对此没有现成的解决办法。注意,这里的短语是"没有现成的解决办法"。毕竟,当我们中的许多人在美国上学时,学校里教我们解的那些题往往是"类型化"的。也就是说,"年龄问题"用一种方法解决,"运动问题"用另一种方法解决,还有"混合问题""液体测量问题"等,每一类题目都是用一种特定的方法去解决的。事实上,一旦我们学会了恰当的方法,这些题目甚至不能算作真正解题意义上的题目。我们要做的只是识别出题目的特定类型,再应用合适的、不假思索的过程去演算。

数学成就的历史充满了突破,这些突破常常引起人们这样的反应:"我怎么也不会想到这种方法。"即使在现今,当有人对一道题提出一个聪明或优雅的解答时,许多人也会有同样的反应。解题过程试图使这些不寻常的解答成为可获得的解题知识库中的一部分。

如今的解题在很大程度上是基于乔治·波利亚[①]在1945年出版的《怎样解题》(How to Solve It)[②]一书中提出的启发式模型。此书现在仍然有售。在书中,波利亚提出了解题的四个阶段:

(1) 理解题目

(2) 拟定方案

(3) 执行方案

(4) 回顾

目前的大多数解题模型都基于这种启发式模型。其方案通常包括:(1)阅读题目,(2)选择适当的策略,(3)解题,(4)对解答作回顾或反思。它们所用的术语可能不同,但理念都是相同的。整个过程的关键是选择一个适当的策略,或者说决定怎样解题。构思和撰写本书,正是为了详细探究这一关键步骤。

正如我们已经说过的,选择适当的策略是解题的关键步骤。在过去的几十年里,不同的作者撰写和提出了许多不同的策略,它们中的大多数都拥有一些共同的思路。在本书中,我们决定研究解题时使用的最有价值的10种策略。对于每一种策略,我们都用整整一章来讨论。在对题目的阐述过程中,我们首先给出最明显或最常见的方法。很多时候,这种方法会给出一个正确的答案。然而,最常见的方法往往需要大量令人困惑的代数方法、一些困难的计算,有时甚至还可能得不到正确的答案。

接下来,我们会提出一个更优雅的解答,或者说示范性的解答,演示正在考虑的解题策略会如何使我们得出答案。请注意,我们在"答案"(answer)和"解答"(solution)之间作出了区分。解答是从我们

[①] 乔治·波利亚(George Polya, 1887—1985),匈牙利裔美国数学家和数学教育家,长期从事数学教学,对数学思维的一般规律有深入的研究,有多部这方面的著作。——译注

[②] 此书中文译本有:科学出版社的1982年版,阎育苏译;上海科技教育出版社的2002年、2007年、2011年、2018年版,涂泓、冯承天译。——译注

开始阅读题目的那一刻起,直至得到最终答案并对其进行反思的整个过程。有些人说,实际答案是解答中最不重要的部分之一。是的,这一说法肯定是正确的,而得出该答案的过程则是这个解答的关键部分。

当你通读本书(我们希望你同时也解答其中的题目)时,请注意,在许多情况下,可以使用不止一种策略来解题。例如,使用明智的猜测和检验这一策略解题时,通常需要以整齐、有序的方式组织数据。当这种情况发生时,我们会把该题放在我们认为比较合适的那一章中。

在本书中,我们在每一章的开头部分先描述某一特定的策略,说明如何将其应用于一些日常情况;随后给出这一策略可以如何应用于数学背景之中的一些例子;最后,我们提出一系列最适合使用这一特定策略来解答的题目。每道题目都设法证明使用这一特定策略的优势。我们会考虑下列策略:

(1) 逻辑推理

(2) 模式识别

(3) 逆向思考

(4) 换一个角度

(5) 考虑极端情况

(6) 简化题目

(7) 组织数据

(8) 作图或可视化表示

(9) 考虑所有可能性

(10) 明智的猜测和检验

正如我们在前面提到过的,一道题只有唯一的方法来解答的情况是很罕见的。我们认为我们所展示的是一种示范性解答,但不是唯一解答。我们鼓励读者尝试寻找其他可能有趣味的和不同寻常的解答。如果你找到其他一些有趣味的解答,我们就会说:"太棒了!"此外,有时可以将某种单一的策略与其他发挥不同程度作用的策略结合起来使用。

为了演示如何用各种策略来处理(和解答)一道题目,我们将对下面这道广为流传的题目给出多种解答。

题目

一个房间里有10个人,每个人都和其他所有人各握手一次。那么一共握了几次手?

解答1

让我们通过绘制一幅图来使用我们的可视化表示策略。这10个点(其中任何3个点都不共线)代表10个人。我们从点A所代表的那个人开始。

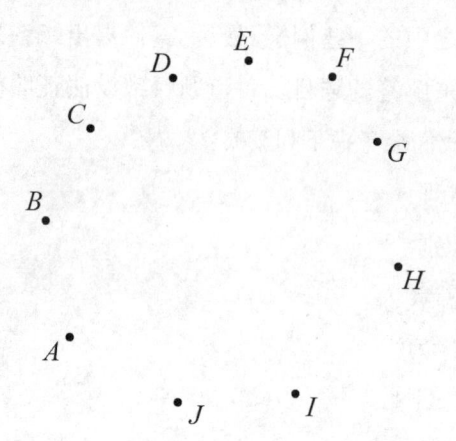

我们将A与其他9个点连接起来,表示最初的9次握手。

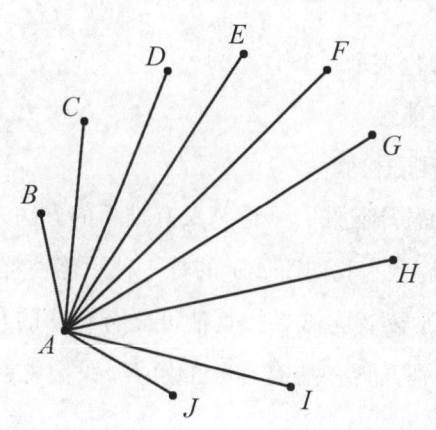

现在,从 B 出发,B 握手有 8 次(因为 A 和 B 已经握过手了,即 AB 已经连起来了)。类似地,从 C 到其他点(AC 和 BC 已经连起来了)还能画出 7 条线,从 D 到其他点还能画出 6 条线,以此类推。当我们到达点 I 时,只剩下一次握手了,即 I 和 J 握手,因为 I 和 A、B、C、D、E、F、G、H 都已经握过手了。因此,握手的总次数等于 $9 + 8 + 7 + 6 + 5 + 4 + 3 + 2 + 1 = 45$。一般而言,前 n 个正整数之和的公式 $\frac{n(n-1)}{2}$(其中 $n \geq 2$)所得的结果与 $n+1$ 个的握手总次数相同。请注意,最终得到的图形会是一个画出所有对角线的十边形。

解答 2

我们也可以通过考虑所有可能性来解这道题。考虑下面显示的网格,它表示 A、B、C、$\cdots$、H、I、J 这些人彼此之间的握手。填有 × 的单元格表示任何人都不能和自己握手。

	A	B	C	D	E	F	G	H	I	J
A	×									
B		×								
C			×							
D				×						
E					×					
F						×				
G							×			
H								×		
I									×	
J										×

其余单元格表示了所有和其他人握手的次数(即 A 和 B 握手、B 和 A 握手)。因此,我们取单元格总数(10^2)减去对角线上的单元格数(10),然后除以 2。在本例中,我们有 $\frac{100-10}{2} = 45$。

在 $n \times n$ 网格的一般情况下,这个数会是 $\frac{n^2 - n}{2}$,而它就等于解答 1 的公式 $\frac{n(n-1)}{2}$。

解答 3

现在让我们换一个角度来研究这道题。考虑一下这个房间里的 10 个人,每个人都会和另外 9 个人握手。这似乎表明有 $10 \times 9 = 90$ 次握手。但是,我们必须除以 2 来消除重复(因为当 A 与 B 握手时,我们也可以认为是 B 和 A 握手),于是有 $\frac{90}{2} = 45$。

解答 4

让我们设法通过寻找一种模式来解这道题。在下表中,我们列出了随着房间里的人数增加而发生的握手次数。

房间里的人数	新增的握手次数	房间里的握手总次数
1	0	0
2	1	1
3	2	3
4	3	6
5	4	10
6	5	15
7	6	21
8	7	28
9	8	36
10	9	45

第三列列出的是握手的总次数,它给出了一个称为三角形数 (Triangular number)的数列,其相继的差每次增加 1。因此,我们可以

轻松地将这张表继续下去,直到我们得到与10个人对应的那个总次数。我们注意到,第三列中每一行填入的数字等于该行人数与前一行人数的乘积的一半。

解答5

我们可以通过仔细使用组织数据这一策略来解这道题。下表显示了房间里的每个人以及他们每次必须握手的次数,假设他们中的每个人都和编号在他们前面的人握手,而不和自己握手。那么,编号为10的那个人握手9次,编号为9的人握手8次,以此类推。最后,我们到达编号为2的那个人,他可以握手的人只剩下一个了,而编号为1的人没有人可以握手,因为每个人都已经和他握过手了。同样,总次数也是45。

各人的编号	10	9	8	7	6	5	4	3	2	1
握手次数	9	8	7	6	5	4	3	2	1	0

解答6

我们也可以将简化题目、可视化表示、组织数据和模式识别等多种策略结合起来。首先考虑一个人的情况,用单独一个点表示。显然,在这种情况下只有0次握手。现在,将人数扩大到2,用2个点表示。这样就会有1次握手。让我们再把人数扩大到3。现在就会需要3次握手。接下去是4人、5人,等等。

人数	握手次数	可视化表示
1	0	•A
2	1	A•——•B
3	3	A•——•B, •C (三角形)

(续表)

人数	握手次数	可视化表示
4	6	
5	10	

这道题现在变成了一道几何题,其答案是一个"n边形"的边数与对角线条数之和。因此,对于10个人,我们就有一个十边形,因此边数$n = 10$。对于对角线条数,我们可以使用公式:

$$d = \frac{n(n-3)}{2}, 其中 n > 3$$

$$d = \frac{10 \times 7}{2} = 35$$

因此,握手次数为$10 + 35 = 45$(次)。

解答7

当然,有些读者可能会意识到,只要简单地应用从10件物品中每次取2件的组合公式,就可以很容易地解出这道题。

$$C_{10}^2 = \frac{10 \times 9}{1 \times 2} = 45$$

然而,这个解答虽然非常高效、简洁和正确,但几乎没有用到任何数学思想(除了应用一个公式以外),并且避开了整个解题方法。尽管这是一个应该加以论述的解答,但我们发现,其他的解答使我们能够演示各种各样的策略——这就是为什么我们选用这道特别的题目。

我们建议你通读本书,解答其中的题目,从而逐渐熟悉所有的策略。通过这种方式,你可以建立起自己的一套解题策略,这些策略会成为你解题过程的一些基本工具。对于刚开始接触解题的读者,我们希望书中的这些题目能引起你们的兴趣,进而鼓励你们深入钻研这一数学中最有趣、最必要的领域。对于那些对批判性思维和解题感兴趣已有些时日的读者,我们希望你们能发现一些新的、有趣的和不寻常的题目来激发你们的兴趣。最重要的是,要做到乐在其中!

目录

第1章　逻辑推理 …………………………………… 1

第2章　模式识别 …………………………………… 19

第3章　逆向思考 …………………………………… 42

第4章　换一个角度 ………………………………… 65

第5章　考虑极端情况 ……………………………… 96

第6章　简化题目 …………………………………… 119

第7章　组织数据 …………………………………… 138

第8章　作图或可视化表示 ………………………… 165

第9章　考虑所有可能性 …………………………… 187

第10章　明智的猜测和检验 ………………………… 205

第1章 逻辑推理

将一章的篇幅完全用来讨论一种被称为逻辑推理的策略,这看起来一定显得相当多余。不管用什么策略来解题,似乎在使用该策略的过程中都必须渗透着一些逻辑思维。毕竟,对许多人来说,解题几乎就是逻辑推理或逻辑思维的同义词。那么,为什么要设立这一章,并把这一策略拿出来单独讨论呢?

在日常生活中,当我们与某人争论某一点时,会依靠逻辑推理。毕竟,当我们进行任何形式的辩论时,都会期望某些论据能产生一些特定的回应。在工作中,你可以使用一系列论据和逻辑链来改变办公室里做某事的方式。我们用逻辑推理来产生一系列的陈述,希望这些陈述得出我们想要的结论。例如,在法庭上,律师们用逻辑推理来使他们的案子得到一个期望的判决。如果我们两天后要和某人会面,而今天是星期六,那么逻辑会告诉我们,我们将在星期一与他或她见面。

在数学解题中,有一些题目本质上不涉及我们通常使用的任何其他策略,其中一些会在本书中得到介绍。相反,它们要求我们得出一个结论。要得出这个结论,必须经过仔细的思考,并按照一条逻辑推理链一个接一个地作出一系列的陈述。例如,让我们来看看下面这道题目。

求和为741的所有素数对。

很多人会把所有小于741的素数列出来,然后搜索那些加起来等于741的素数对。不过,我们可以用一些逻辑推理来简化我们的工作。如果两个数之和是一个奇数,则其中一个加数必定是奇数,而另一个加数必定是偶数。但是只存在一个偶素数,也就是2,因此另一个数必定是739(而739也是一个素数)。我们这样就已经找到了符合给定要求的所有素数对。

让我们来考虑另一道可以依靠逻辑推理来解答的题目。

回文数是从正反两个方向读起来都一样的数。373和8668分别是一个3位和4位回文数。玛丽亚把所有3位回文数各自写在一张纸条上,然后把它们放进一个大盒子里。米格尔把所有4位回文数各自写在一张纸条上,然后把它们放进同一个盒子里。老师把它们全都搅乱,均匀地混合在一起,然后要求劳拉在不看的情况下从这个盒子里取出一张纸条。她选出4位回文数的概率是多少?

一种方法是写出所有3位和4位的回文数,把它们全部数清,然后计算出要求的概率。虽然有点费时,但这是可行的。如果我们使用逻辑推理策略,则可以将我们的工作简化如下。假设一个3位回文数是373,如果要使它成为一个4位回文数,那么我们只需要重复中间那个数字,从而得到3773。事实上,只要简单地将中间那个数字重复一次,我们就可以把每个3位回文数都变成一个4位回文数。因此,4位回文数的个数与3位回文数的个数相同,所以选出4位回文数的概率是二分之一,或者写作$\frac{1}{2}$。

我们来考虑另一个例子,说明简单的逻辑推理如何使解题变得相当简单。

在花店的货架上,有三盒放在礼品包装盒上的那种装饰蝴蝶结。马克把"红""白""混合"(红和白)三个标签分别贴在这三个盒子上。不幸的是,他虽然把标签都贴上了,但三个标签全都贴错了。由于这些盒子放置在一个很高的货架上,因此马克看不见盒子里的蝴蝶结。他知道这三个盒子都贴错了标签,而他想伸手去够其中一个盒子,从里面取出一个蝴蝶结。为了给这三个盒子都贴上正确的标签,他应该从哪个盒子中取出一个蝴蝶结?

让我们在这里做一些逻辑推理。首先,请注意,无论我们对贴有"白色"标签的盒子说些什么,对贴有"红色"标签的盒子,我们也可以说一样的话。这里存在着一种对称性。因此,让马克从标有"混合"的盒子里取出一个蝴蝶结。如果它是红色的,那么他就知道这个盒子里实际上只装着红色蝴蝶结。这是因为它不可能是"混合"的盒子,所以应给它贴上"红色"标签。标有"白色"的盒子里不可能全是白色蝴蝶结,所以它必定应贴上"混合"标签。最后,错贴了"红色"标签的那个盒子必定应贴上"白色"标签。

请注意,以上每道题目都只需要一些逻辑推理和仔细思考就可以找到解答。这并不是说我们在使用其他解题策略时不需要逻辑思维,不过,本章所展示的这些题目大多数是通过逻辑推理就能高效地得到解答。

1.1

麦克斯开始按顺序数读正整数 1,2,3,4,…,而萨姆以相同的速度,但按相反方向数读——从数字 x 开始倒数:$x, x-1, x-2, x-3, x-4, …$。当麦克斯数读到的数是 52 时,萨姆数读到的数是 74。萨姆是从哪个数(x)开始倒数的?

一种常见方法

大多数人在面对这道题目时,很可能会设法模拟所描述的情况,也就是说,同时进行两种数读过程,看看结果如何。这样做的困难在于,由于人们不知道从哪个数开始倒数,因此,在试错过程中最有可能采用的是正向数读。这不仅容易混淆,而且很难实现。

一种示范性解答

在这里,我们将使用一些逻辑推理。当麦克斯数了 52 个数时,萨姆也数了 52 个数。我们可以把萨姆的第 52 个数字表示为 $x-51$。但是我们知道这个数是 74,因此可以将它们列成等式 $x-51=74$,于是 $x=125$。

1.2

我们有100千克浆果,其中99%的质量是水,剩余的1%是干物质。经过一段时间后,这些浆果的含水量变成了98%。浆果中的干物质有多重?最终浆果中的水有多重?

一种常见方法

一个常见的错误答案是:既然蒸发了1%的水,那么99%必定是浆果的干物质,这意味着不含水的浆果的干物质重99千克。这是错误的!

一种示范性解答

在这里,我们将不得不使用一些逻辑推理来弄清需要的是什么。一开始,浆果中有99%的水,这意味着它含有99千克的水和1千克的干物质,即干物质占浆果质量的1%。干物质的质量不发生变化,在干燥过程结束时,其质量仍然为1千克。然而,与此同时,干物质在总质量中的占比翻了一番,达到2%。

为了使某种固定量的东西(我们的1千克干物质)的比例翻倍(从1%变成2%),就必须把所有东西的总量减半。我们以1%(即$\frac{1}{100}$)的干物质开始,以2%(即$\frac{2}{100}$或$\frac{1}{50}$)的干物质结束,也就是说,我们最终得到50千克的总质量,其中有1千克干物质。因此,我们最终有49千克水。

1.3

在一次课堂实验中,米格尔反复掷一枚普通的六面骰子。他记录下得到的每一个数字,并决定在某个数字被掷出3次后立即停止。米格尔在掷完第12次之后停止,得到的这些数字的总和是47。哪个数字出现了3次?(一枚普通骰子的六个面上分别标有1到6的数字。)

一种常见方法

一种方法是取一个骰子来进行实验,但很难掷12次恰好得到的数字总和是47,即使你得到了答案,那也不是一种优雅的方法!

一种示范性解答

让我们用逻辑推理的策略。在掷第11次之后,还没有任何数出现过3次,否则实验早就已经结束了。这意味着这6个数中有5个数出现过2次,而另一个数则出现过1次。让我们将这个出现过一次的数称为 M。如果第12次掷出的是 M,则总和为 $2 \times (1+2+3+4+5+6) = 42$。因此,掷完11次后的总和为 $42 - M$。如果 N 是掷出了3次的那个数,那么 $42 - M + N = 47$,因此 $N - M = 5$。我们知道 N 和 M 只能取1到6之间的数字。这些数字中只有两个数字可以相差5,那就是6和1。因此,在这一限制下,方程 $N - M = 5$ 只有一个解,即 $M = 1$ 和 $N = 6$。因此,掷出了3次的数是6。

1.4

给定一个三角形,它的周长与它的面积在数值上相等。该三角形的内切圆的半径是多少?

一种常见方法

这道题目的常见解答需要作出图1.1所示的图,并尝试各种值,以查看哪些值可能接近答案。可以预料,这种方法会令人感到沮丧。

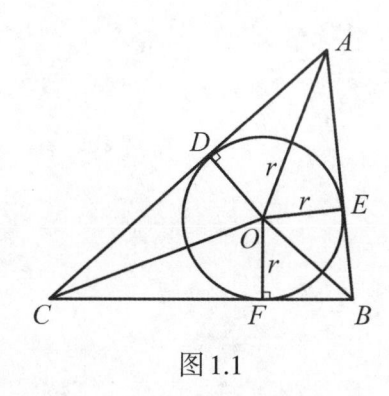

图1.1

一种示范性解答

在这里,我们只需单纯从逻辑上来思考并遵循题目的要求。我们从周长为 $p = AB + BC + CA$ 的三角形 ABC 开始,再设内切圆的圆心为点 O、半径为 r。三角形 ABC 的面积等于三角形 AOB、三角形 BOC 和三角形 COA 的面积之和,它们的底边分别为 AB、BC 和 CA,高都是 r。这就有了以下等式:

$$\triangle ABC \text{的面积} = \frac{1}{2}r \cdot AB + \frac{1}{2}r \cdot BC + \frac{1}{2}r \cdot CA$$

$$= \frac{1}{2}r(AB+BC+CA)$$

$$= \frac{1}{2}rp$$

由于已知三角形的周长在数值上等于它的面积,由此我们得到 $\frac{1}{2}rp=p$,于是 $r=2$。

1.5

从1788年开始到2016年,每隔4年记录一次年份,在这些被记录的年份中,有多少年份是完全平方数?它们分别是哪些?

一种常见方法

解答此题的一种方法是,列出从1788年到2016年的所有4年一次的记录年份(1788,1792,1796,…,2012,2016),然后取每个年份的平方根,看看这些年份中的哪些是完全平方数。计算器派得上用场,但要求得答案仍会有一个漫长而乏味的过程!

一种示范性解答

这道题目可以很好地利用我们的逻辑推理策略。首先,这些年份要成为4的倍数,就必须是偶数,因此我们可以扔掉其平方根为奇数的年份。此外,这些年份的平方根必须是一个以4开头的两位数,因为:

$40^2 = 1600$(在要求的范围之前)

$42^2 = 1764$(在要求的范围之前)

$44^2 = 1936$

$46^2 = 2116$(在要求的范围之后)。

在给定的范围内只有一年,那就是1936年,因此,只有一个是完全平方数,即1936年。

1.6

吉米一次同时掷出两枚硬币。他一直不停地这样掷,直到至少有一枚硬币出现正面朝上。至此,游戏结束。最后一次掷出两枚硬币正面朝上的概率是多少?

一种常见方法

第一反应是实际地去掷两枚硬币,然后看看经过大量的抛掷之后的结果如何。然而,正如在大多数概率实验中那样,样本空间往往太小,以致于无法精确预测结果。

一种示范性解答

让我们来利用逻辑推理策略。在进行这项实验时,之前掷硬币的结果是完全不相关的。只有一种情况是重要的,即硬币正面朝上。因此,我们可以简单地研究一下最后一次掷硬币的情况。可能出现的四种情况是:

$$正正 \quad 正反 \quad 反正 \quad 反反$$

在这些可能掷出的情况中,有三种情况出现至少一枚硬币正面朝上。只有一种情况没有出现正面朝上的硬币,此种情况不符合游戏结束的条件,可以忽略不计。两枚硬币都正面朝上的情况是正正。因此,题目要求的概率是 $\frac{1}{3}$。

1.7

有些品种的猪,尾巴天生有2个卷;还有些品种的猪,尾巴天生有3个卷。一个农民让他的孩子们去数数猪圈里有多少头猪。由于这些孩子对数学颇有兴趣,因此他们报告说,有2个卷的猪和有3个卷的猪的数量都是素数,而卷的总数为40个。这位农民的猪圈里有多少头猪?

一种常见方法

如果我们设 x 等于尾巴有2个卷的猪的数量,而 y 等于尾巴有3个卷的猪的数量,那么我们就可以建立方程 $2x + 3y = 40$,这是一个有两个变量的方程。这些数足够小,因此我们可以对 x 和 y 代入不同的值,直至找到一个满足要求的组合。不过,由于我们知道 x 和 y 都是素数,这将可选的数限制为以下这几个数:19、17、13、11、7、5、3 和 2。

一种示范性解答

如果我们设 x 等于尾巴有2个卷的猪的数量,y 等于尾巴有3个卷的猪的数量,那么 $2x + 3y = 40$,这就像我们之前所得出的那样。不过,让我们使用逻辑推理策略来看一下这个等式。由于40和 $2x$ 都是偶数,因此我们知道 y 也必须是偶数才能使 $2x + 3y$ 的和(40)为偶数。由于 y 是素数,因此它必定是2(这是唯一的偶素数),于是 $3y$ 必定是6。因此,我们现在可以解出 x:

$$2x+6=40$$
$$2x=34$$
$$x=17$$

这位农民的猪圈里有 $17+2=19$ 头猪。

1.8

如果一个数能被它的各位数字之和整除,我们就称它为"特殊"数。下列哪个数满足这一条件?

11,111,1111,11 111,111 111,1 111 111,11 111 111,111 111 111

一种常见方法

通常的方法是求出每个数的各位数字之和,然后将这个数本身除以这个和。例如,11必须能被1+1或2整除,它才是一个特殊数。而11并不能被2整除,因此11就不是一个特殊数。如果以相同的方式继续处理其余的每一个数,我们必须解八道小例题。

一种示范性解答

虽然上面概述的方法最终应该能解答这道题目,但让我们使用逻辑推理策略来实现一种更优雅的方法。首先,上面展示的所有数显然都是奇数,因为其中没有任何一个数是以2、4、6、8或0结尾的。偶数个1相加之和会是一个偶数,这就排除了有偶数个1的那些数:11、1111、111 111和11 111 111。此外,11 111不能被5整除,因为它不是以0或5结尾的。

如果我们检查1 111 111,就会发现它不能被7整除。这样就只剩下两个数要考察了。我们发现111能被它的各位数字之和3整除(即111÷3=37)。此外,111 111 111能被9整除(即111 111 111÷9=12 345 679)。因此,111和111 111 111是原来那组数中仅有的两个"特殊"数。

1.9

能被1到9都整除的最小的整数是2520,那么被1到13都整除的最小的整数是多少?

一种常见方法

最常见的方法是找出1到13的所有因数,并将它们相乘。这会很费时,而且演算也很烦琐。请记住,我们必须小心,不要重复任何因数(例如8,因为用到8时应该已经用过4和2了)。不过,如果做得仔细和正确,那么这种方法最终是会得出正确答案的。

一种示范性解答

让我们利用逻辑推理策略。显然,当求得乘积2520时,从1到9的所有因数(前9个正整数)都已经用过了。于是我们只需要考虑正整数10、11、12和13。10(5×2)的因数和12(4×3)的因数已经用过了;11和13是素数,因为除了它们自己和1之外没有其他因数。因此,我们做乘法2520×11×13,就求出了能被前13个正整数整除的最小的数是360 360。

1.10

阿尔、芭芭拉、卡罗尔和丹各参加了一次数学考试。他们总共答对了67个问题,每个人至少答对了一个问题。阿尔答对的问题最多。芭芭拉和卡罗尔一共答对了43个问题。丹答对了多少个问题?

一种常见方法

一种典型的方法是对每个人做一个猜测,看看是否符合题目中的陈述,看看这些猜测是否得到了正确的总数67。这可能会得到一个正确的答案,但在很大程度上取决于明智的猜测,而不是一种确定的解题技巧。

一种示范性解答

让我们使用逻辑推理策略。既然芭芭拉和卡罗尔一共答对了43个问题,那么他们之中肯定有一个人至少答对了22个问题,而与此同时另一人则答对了21个问题。由于阿尔答对的问题最多,并且暂时假设芭芭拉和卡罗尔答对的题符合前两个假设,那么阿尔必定至少答对了23个问题。如果我们设阿尔答对了23个问题,芭芭拉答对了22个问题,卡罗尔答对了21个问题,那么这3个数加起来是 23 + 22 + 21 = 66,这意味着丹最多答对了一个问题。既然每个人都至少答对了一个问题,那么丹必定恰好答对了一个问题。

1.11

丽莎骑自行车通过一座连接点 A 和点 B 的桥,当她在路程的 $\frac{3}{8}$ 处时,听到身后有一列火车以 60 英里/时(1 英里 = 1.60934 千米)的速度向桥驶来。此时她快速地心算了一下,发现只要她以最快的速度骑到桥的任一端(点 A 或点 B),她刚好都能化险为夷。那么她的最快速度是多少?

一种常见方法

由于没有说明这座桥的长度,因此我们假设一个方便(尽管有点不现实)的长度,比如说,8 英里。又设火车离点 A 为 x 英里。如果她以 y 英里/时的速度回到桥的起点(点 A),那么她会在 $\frac{3}{y}$ 小时内骑行 3 英里。在此期间,火车到达点 A 的时间为 $\frac{x}{60}$ 小时。这就给了我们一个方程:$\frac{3}{y} = \frac{x}{60}$,即 $xy = 180$。

如果丽莎骑向点 B,那么我们以类似的方式得到方程 $\frac{5}{y} = \frac{x+8}{60}$,即 $xy + 8y = 300$。

联立这两个方程,我们得到 $8y = 300 - 180 = 120$,于是 $y = 15$。

因此,丽莎的最快骑行速度是 15 英里/时。

一种示范性解答

如果我们使用逻辑推理策略,就会有一个更优雅的解答。如果她能刚好到达桥的任一端而化险为夷,那么我们就让她背离火车骑向点 B。现在,当火车到达点 A 时,她将骑完路程的另外 $\frac{3}{8}$。因此她总共骑了桥的长度的 $\frac{6}{8}$(或者说相当于桥的长度的 $\frac{3}{4}$)。她现在可以在火车驶过整座桥的同时,骑过桥剩下的 $\frac{1}{4}$。因此,她的速度是火车的 $\frac{1}{4}$,即15英里/时。

1.12

如果 $S = 1! + 2! + 3! + 4! + 5! + \cdots + 98! + 99!$,那么 S 的值的个位数字是多少?

注意:符号 $n!$ 表示 $1 \times 2 \times 3 \times 4 \times \cdots \times (n-1) \times n$。

一种常见方法

通常,当我们要解这样一道题目时,就会急切地求出每一个阶乘,然后把它们相加,从而得到 S 的值。不消说,这是一项冗长乏味的计算,很可能会产生计算上的错误。

一种示范性解答

当我们查看 S 的值并将其简化时,会得到以下结果:

$S = 1! + 2! + 3! + 4! + 5! + \cdots + 98! + 99!$

$\quad = 1 + 2 + 2 \times 3 + 2 \times 3 \times 4 + 2 \times 3 \times 4 \times 5 + \cdots + 98! + 99!$

$\quad = 1 + 2 + 6 + 24 + 10k$(其中 k 为正整数)

我们把从 $5!$ 开始的各项简化成了 $10k$,因为 $5!$ 中包含着一个因数 10,$5!$ 的任意倍数都会是 10 的倍数。由于 $6!$ 是 $5!$ 的倍数,$7!$ 是 $6!$ 的倍数,因此对于任何大于 5 的 n,$n!$ 都会是 10 的倍数。因此,要求的个位数字是 3。

第2章 模式识别

数学的一些最内在的美是我们设法解题时出现的许多模式。著名数学家 W. W. 索耶(W. W. Sawyer)[①]曾经说过:数学可以被视为一种对模式的探索。数学的主要用途之一是预言那些规律性发生的事情。例如,我需要为 3 个人准备多少块烤饼? 4 个人呢? 10 个人呢? n 个人呢?

识别模式是一项重要的解题技能。如果你在系统地查看一组具体的例子时识别出一种模式,那么你就可以使用这种模式推广你所看到的,使之成为对一类题目的一种更宽泛、更开放的解答。例如,有人问数列 1,2,3,6,11,20,37,__,__ 划线处的两个数是什么时,我们就必须检查这个数列,看看这些数是否符合某种类型的模式。毕竟,如果前三项是 1,2,3,那么下一项不就应该是 4 吗?但事实并非如此!!啊哈!我们注意到,第三项之后的每一项都是前三个数之和(这是一个斐波那契型的数列),即 $1+2+3=6, 2+3+6=11, 3+6+11=20$,以此类推。如果我们这样继续下去,就会发现该数列的下两个数是 $11+20+37=68$ 和 $20+37+68=125$。

即使年幼的孩子们也会使用模式。当孩子们开始上学时,他们学会了数数。他们使用模式来帮助自己一个一个数,然后两个

[①] W. W. 索耶(W. W. Sawyer,1911—2008),英国数学家,主要研究领域是数学在量子力学和相对论中的应用,并长期致力于数学教学。——译注

两个数,再五个五个数,以此类推。如果我们问一个二年级学生,数列3,6,9,12的下一个数是什么,那么这个孩子就会自问:"我要给每个数加上几才能得到下一个?"这几乎自然地使用了一种没有经过正式开发的模式搜索策略。

我们大多数人在日常生活中都会使用模式,其中一些"模式"涉及助记法。助记法(mnemonic)这个单词来自古希腊语的 *mneomnikos*,意思是一种记忆手段。许多人都熟悉音乐中的助记法"Every Good Boy Does Fine"(意思是"每个好孩子都做得很好"),其中每个单词的首字母形成了一种模式,构成了五线谱的各线音符的名称,即 E-G-B-D-F。我们利用模式来记忆健身房密码锁的密码、电话号码或车牌号码。当我们寻找一个特定的门牌号时,我们几乎直觉地利用了这样一种模式:奇数通常在街道的一边,偶数通常在街道的另一边——这是一种非常简单的模式,却是一种有价值的模式。

警察广泛地使用各种模式。如果发生了一系列犯罪,警方就会去寻找罪犯的作案手法(*modus operandi*,缩写为 M. O.)。也就是说,这些犯罪过程中是否存在着一种模式?

医生常常依靠各种行为模式来判断病人的疾病。在治疗了一种疾病的许多病例之后,医生在将来的病例中就能很容易地识别出诊断这种疾病的症状模式。

当我们使用模式识别策略来解析一道题目的情况时,尤其是当我们还不明确该策略能用来解一道特定的题目时,最容易看出这一策略的真正威力。例如,假设要我们求出 13^{23} 的个位上的数字。最明显的方法是使用一台计算器,计算13的23次方。但即使我们有一台计算器,可以显示这个极大的数的各数位上的数,这也是一项相当艰巨的任务。我们可以不这么做,而是去检查13的递增幂,看看它们的个位数字是否会形成某种可以帮助我们回答这个问题的模式。

$$13^1 = 1\underline{3} \qquad 13^5 = 37129\underline{3}$$
$$13^2 = 16\underline{9} \qquad 13^6 = 482680\underline{9}$$
$$13^3 = 219\underline{7} \qquad 13^7 = 6274851\underline{7}$$
$$13^4 = 2856\underline{1} \qquad 13^8 = 81573072\underline{1}$$

看起来这些13的幂的个位数字构成了一个数列:

$$3,9,7,1,3,9,7,1\cdots\cdots$$

它们以4个为一组循环。因此,13^{23}会与13^3具有相同的个位数字,也就是7。

事实上,这道题目提出了关于模式的一个有趣问题。是否所有的数都具有这样一种循环模式,即一个特定数的幂的个位数字是循环出现的?有些我们马上就能识别出来。例如,5的幂的个位数字总是5(即5, 25, 125, 625, …)。数的这种性质是非常有趣的,在用模式识别方法解题时非常有价值。你可以试着用其他数的幂来确定个位数字的模式,看看是否会演化出一种模式。

不过,我们还必须谨慎地加上一句。有些时候,看起来似乎正在建立起一种模式,但它并不是始终一致的。所幸这种情况并不经常发生。下面是一个这样的模式:似乎从3开始的每一个奇数都可以表示为2的幂次加上一个素数的和。当我们试着用例子来验证这一点时,我们发现这条"规则"似乎一直到125都是成立的。然而,令人惊讶的是,它对于下一个奇数127就不成立了。因此,我们在应用模式策略解题时必须十分小心。这显然是个例外，不应分散我们使用这种方法解题的注意力。

$$3 = 2^0 + 2$$
$$5 = 2^1 + 3$$
$$7 = 2^2 + 3$$
$$9 = 2^2 + 5$$
$$11 = 2^3 + 3$$
$$13 = 2^3 + 5$$
$$15 = 2^3 + 7$$
$$17 = 2^2 + 13$$
$$19 = 2^4 + 3$$

以此类推

$$51 = 2^5 + 19$$

以此类推

$$125 = 2^6 + 61$$
$$127 = ?$$
$$129 = 2^5 + 97$$
$$131 = 2^7 + 3$$

我们现在开始来论述一系列题目，这些题目在识别出一种模式的情况下能更高效地得到解答——特别是在不一定预料到存在一种模式的情况下。

2.1

当表达式 $2^{2^{2^{2^{2^{\cdots^2}}}}}$ 的指数中出现222个数字2时,该表达式的个位数字是多少?

一种常见方法

不幸的是,有些人会觉得,要计算这个表达式,就必须计算出2的这些幂的所有值。这不可能是一条通向解答的成功之路!

一种示范性解答

让我们看看,当2的这些幂按照题目中所描述的模式增加时,我们是否能识别出一种模式。随着2的幂次增大,它们的个位数字以2,4,8,6的模式重复,即,

$$2^1 = 2$$
$$2^2 = 4$$
$$2^3 = 8$$
$$2^4 = 16$$
$$2^5 = 32$$
$$2^6 = 64$$
$$2^7 = 128$$
$$2^8 = 256$$

在下面给出的计算的第三步中,指数是4的倍数。任何一个2的幂,如果其指数是4的倍数,那么结果得到的数的个位数字都是6。

$$2^{2^2} = 4$$
$$2^{2^{2^2}} = 2^4 = 16$$
$$2^{2^{2^{2^2}}} = 2^{16} = 65\,536$$

$$2^{2^{2^{2^{2^2}}}} = 2^{65\,536} = 11579208923731619542357098500868790785326998\\4665640564039457584007913129639936$$

因此，我们要求的表达式的个位数字是6。

2.2

下面的各个矩形阵列中都包含一定数量的点。按照这个规律,第49个阵列中会有多少个点?

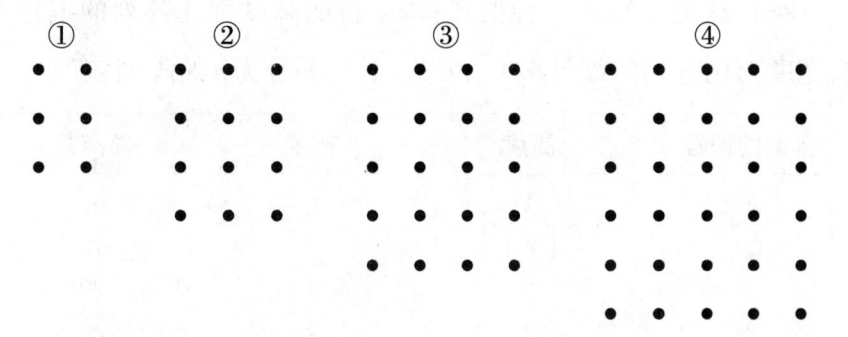

① ② ③ ④

一种常见方法

显而易见的方法是继续绘制这种点阵,直到我们到达第49幅图。然后我们可以数其中有多少个点。这会花费很长时间,而且你需要巨大的耐心,更不用说还要用掉大量的纸。不知怎的,似乎一定存在着一种更好的办法。

一种示范性解答

让我们设法组织数据,并搜寻一种模式。我们会把已知信息列成一张表。

阵列的编号	高度	宽度	总点数
①	3	2	6
②	4	3	12
③	5	4	20
④	6	5	30

啊！这里存在着一种模式：每一行的高度都比阵列的编号多2，宽度都比阵列的编号多1。因此，对于编号为n的阵列，有

阵列的编号	高度	宽度	总点数
①	3	2	6
②	4	3	12
③	5	4	20
④	6	5	30
⋮	⋮	⋮	⋮
n	$(n+2)$	$(n+1)$	$(n+2)(n+1)$

因此，第49个阵列中会有$51 \times 50 = 2550$个点。

2.3

用3条直线可以将一个圆切成7块。用7条直线最多可以将一个圆切成多少块?

一种常见方法

解答这道题目的一种典型方法是画一个圆,作7条通过它的直线,但要避免任何3条直线共点——也就是说,要避免任何3条直线相交于同一点。如果我们很仔细地做这件事,就会得出正确的答案。不过,如何确保切成的块数最多可能会成问题。

一种示范性解答

解答这道题目的一种有趣的方法是,当我们增加将圆切开的直线的条数时,看看是否有可能出现一种模式——请记住,任何3条直线都不能相交于同一个点。很明显,如果我们作一条贯穿一个圆的直线,那么这个圆将分成两部分。如果我们作两条直线,这个圆就会被分成4块。下表将显示一个圆可以被给定条数的直线

直线的条数	块数	差值(增加的块数)
1	2	
		2
2	4	
		3
3	7	
		4
4	11	

切成多少块,其中任何3条直线都不能相交于同一个点。

在这些差值中似乎正在建立起一种模式——它们似乎每次都增加1。因此,测试下一种情况,结果发现5条直线似乎能把圆切成16块,于是我们或许可以应用该模式得出下面这张表格。

直线的条数	块数	差值(增加的块数)
1	2	
		2
2	4	
		3
3	7	
		4
4	11	
		5
5	16	
		6
6	22	
		7
7	29	

因此,一个圆可以被7条直线最多切成29块。

2.4

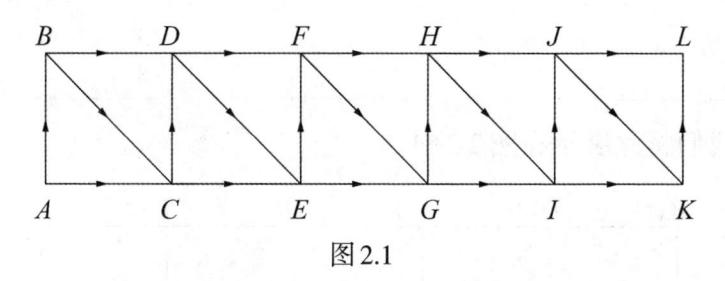

给定一幅地图,其中显示了汽车沿着街道的移动方向,如图2.1中的箭头所示。

图2.1

从点 A 到点 L 有多少条不同的汽车路线?

一种常见方法

最常见的方法是简单地去数可能的路线。也就是说,每次考虑一条不同的路线,然后对这些结果计数。例如,一条路线是 A—B—C—D—E—F—G—H—I—J—K—L。另一条路线是 A—C—D—E—G—I—K—L,等等。然而,你很容易看出,这可能相当麻烦,并且可能很难计数,也很难使所有作出的路线不发生重复。汽车路线的数量还相当不少!

一种示范性解答

让我们来使用寻找模式的策略。假如我们想从 A 到 B,那么只有一条路可走(A—B);从 A 到 C 有两条路(A—B—C 或 A—C);从 A 到 D 有三条路(A—B—D, A—C—D, A—B—C—D)。如果我们以这种方式继续下去,那么对于直至点 F 的每个位置,我们可以得到以下路径数。

从点 A 出发要到达的点	路径数
B	1
C	2
D	3
E	5
F	8

我们将此展示在图 2.2 中。

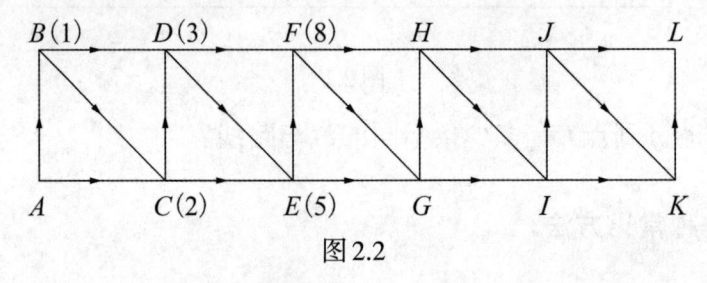

图 2.2

数列 1,2,3,5,8,13 构成了一个斐波那契型数列[①],这是由比萨的莱昂纳多[Leonardo of Pisa,又称斐波那契(Fibonacci)]于 1202 年首先在西方世界普及的著名数列,该数列从 1 和 1 开始,然后取前两个数之和来生成后继数。当我们将这个数列继续到点 L 时,我们得到如下结果:

$$1,2,3,5,8,13,21,34,55,89,144$$

因此,我们利用这一模式发现,从点 A 到点 L 有 144 种不同的路径。

---

① 斐波那契(Leonardo Fibonacci,约 1175—1250),意大利数学家,他是西方第一个研究斐波那契数列的人,并将现代书写数和乘数的位值表示法系统引入欧洲。斐波那契数列(Fibonacci sequence)指的是满足 $F_{n+1}=F_n+F_{n-1}(n\geqslant 1)$ 的数列 $F_0,F_1,F_2,\cdots$。若取 $F_0=F_1=1$,则该数列为 $1,1,2,3,5,8,13,\cdots$;若取 $F_0=1,F_1=2$,则该数列为 $1,2,3,5,8,13,21,\cdots$。——译注

2.5

约翰尼从笔记本里拿出一张纸,并把它撕成两半。他把这两张纸叠在一起,一张叠在另一张上面,然后再把它们撕成两半。他把得到的这几张纸相互叠起来,然后又把它们撕成两半。倘若约翰尼能将这个过程总共重复20次,那么这叠纸会有多厚(假设原来那张纸的厚度为0.001英寸①)?

一种常见方法

我们可以制作一张表格来模拟这个过程。

这叠纸的张数	撕的次数	这叠纸的总张数	厚度/英寸
1	1	2	0.002
2	2	4	0.004
4	3	8	0.008
8	4	16	0.016

以此类推。最终,我们可以完成这张总共撕20次的表格,从而找到答案。

一种示范性解答

让我们用寻找模式的策略来解这道题。撕1次后,这叠纸的厚度为2层,撕2次后,厚度为4层。撕3次后,它的厚度为8层。这叠纸的厚度可以用指数形式写成 $2^1, 2^2, 2^3, \cdots$,其通项为 2^n。撕

---

① 相当于0.0254毫米。——译注

20次后，厚度会变成 0.001×2^{20} 英寸，大约为1049英寸①（约87英尺），这就是为什么题目里说："倘若约翰尼能将这个过程重复20次。"

---

① 相当于26.6米。——译注

2.6

一个标准的8格乘8格国际象棋棋盘上有多少个各种大小的正方形?

一种常见方法

最直接的反应是64个正方形。然而,"各种大小的"这个定语意味着可能还有其他的正方形。数学上的处理是要设法数出一个64格国际象棋棋盘上一共有多少个各种大小的正方形区域,即1×1、2×2、3×3、4×4的正方形等。这就相当难以应付,也难以可视化了,因为许多正方形是部分重叠的。此外,计数过程可能会变得混乱不堪,因此这是一个相当乏味而麻烦的方法。

一种示范性解答

我们可以使用寻找模式的策略和一张表格来组织数据。如果我们从一个1格乘1格的棋盘开始,那么显然只有一个正方形,那就是1×1的正方形。在一个2格乘2格的棋盘上,我们看到有4个1×1的正方形,还有1个2×2的正方形,因此总共有5个正方形。将这些数据组织成一张表格,随着我们将棋盘的大小从1×1增大到2×2,再增大到3×3,以此类推,我们就得到了下面这张表格。

棋盘	1×1	2×2	3×3	4×4	5×5	6×6	7×7	8×8	总数
1×1	1	–	–	–	–	–	–	–	1
2×2	4	1	–	–	–	–	–	–	5
3×3	9	4	1	–	–	–	–	–	14
4×4	16	9	4	1	–	–	–	–	30
5×5	25	16	9	4	1	–	–	–	55
6×6	36	25	16	9	4	1	–	–	91
7×7	49	36	25	16	9	4	1	–	140
8×8	64	49	36	25	16	9	4	1	204

我们将这张表格继续下去,直至我们到达一个8×8的棋盘,就会注意到沿着每一行移动的正方形模式,于是我们可以得出结论:在一个8×8的国际象棋棋盘上有204个各种大小的正方形。

一旦我们构造出上面所示的这张表格,我们就会注意到其中的这些数所构成的惊人模式。整张表格中全都是完全平方数。如果我们检查"总数"那一列,并计算相继各项之间的差,我们就会得到另一个有趣的数列:

$$5 - 1 = 4$$
$$14 - 5 = 9$$
$$30 - 14 = 16$$
$$55 - 30 = 25$$
$$91 - 55 = 36$$
$$140 - 91 = 49$$
$$204 - 140 = 64$$

完全平方数再次出现。如果我们现在取第二阶差,即这些平方数之差,那么我们就会得到从5开始的奇数数列。

$$9 - 4 = 5$$
$$16 - 9 = 7$$
$$25 - 16 = 9$$
$$36 - 25 = 11$$
$$49 - 36 = 13$$
$$64 - 49 = 15$$

模式不仅在解题时非常有用,正如我们在这里解出一开始提出的那道题目那样,而且它们也体现了数学之美。

2.7

如果下面这张表会无限延续下去,第30行的中间会是哪个字母?

第1行　　G L A D Y S G
第2行　　L A D Y S G L
第3行　　A D Y S G L A
第4行　　D Y S G L A D
　　　　　……

一种常见方法

我们可以继续写出每一行的字母,直到第30行,然后我们可以找到中间的那个字母。这是一个相当笨拙的方法,但它会给出正确的答案。

一种示范性解答

这将是说明寻找一种模式会如何高效解答的一个典型的例子。让我们将这个模式再继续写4行:

第1行　　G L A D Y S G
第2行　　L A D Y S G L
第3行　　A D Y S G L A
第4行　　D Y S G L A D
第5行　　Y S G L A D Y

第6行	SGLADYS
第7行	GLADYSG
第8行	LADYSGL

......

由于这个集合中有6个字母,因此这些行会在每6行后重复。此外,由于30是6的整数倍,因此第30行的中间字母与第6行的中间字母相同。使用模式识别策略很容易解答这道题目。

2.8

找出下面两个数的个位数字：

(a) 8^{19}

(b) 7^{197}

（当然，这应该在不使用计算器或计算机的情况下完成。）

一种常见方法

有些人在开始解这道题时，可能会在计算器中输入 8 的这个幂。不过，他们应该很快就会意识到，大多数计算器都无法让他们得到这么大的答案，因为在他们达到目标之前，显示器上的数位就会用完。

一种示范性解答

我们必须寻找另一种解答。让我们来检查一下 8 的递增幂，看看个位数字是否存在着一种模式，这对我们可能有用。

$8^1 = \underline{8}$	$8^5 = 32\ 76\underline{8}$	$8^9 = 134\ 217\ 72\underline{8}$
$8^2 = 6\underline{4}$	$8^6 = 262\ 14\underline{4}$	$8^{10} = 1\ 073\ 741\ 82\underline{4}$
$8^3 = 51\underline{2}$	$8^7 = 2\ 097\ 15\underline{2}$	$8^{11} = 8\ 589\ 934\ 59\underline{2}$
$8^4 = 409\underline{6}$	$8^8 = 16\ 777\ 21\underline{6}$	$8^{12} = 68\ 719\ 476\ 73\underline{6}$

请注意这里出现的模式——个位数字以四次幂的周期循环。看来我们可以把这个模式应用于题目。我们感兴趣的指数是 19，将它除以 4 时给出的余数是 3。因此，8^{19} 的个位数字应该与 8^{15}、

8^{11}、8^7、8^3的个位数字相同,我们看出这个数字是2。

顺便说一下,对于持怀疑态度的读者,我们在这里给出8^{19}的实际值:144 115 188 075 855 872。

用类似的方法,我们现在可以检查7的递增幂,看看是否存在着一个可能有用的模式。

$7^1 = \underline{7}$ $7^5 = 16\ 80\underline{7}$ $7^9 = 40\ 353\ 60\underline{7}$
$7^2 = 4\underline{9}$ $7^6 = 117\ 64\underline{9}$ $7^{10} = 282\ 475\ 24\underline{9}$
$7^3 = 34\underline{3}$ $7^7 = 823\ 54\underline{3}$ $7^{11} = 1\ 977\ 326\ 74\underline{3}$
$7^4 = 240\underline{1}$ $7^8 = 5\ 764\ 80\underline{1}$ $7^{12} = 13\ 841\ 287\ 20\underline{1}$

按照这个模式,指数$\frac{197}{4}$的余数为1,因此7^{197}的个位数字应该和7^1相同,也就是7。如果我们有时间的话,可以检查一下这个答案,结果会得出

7^{197} = 30500986272053519460696500325996541282271686
            73519018559752227429747850077966257216 2607
            52948953167361601476748761675310254828 9155
            52094341454271356929253590826424914 3207

2.9

要搭出一个1×1的正方形,需要4根牙签(如图2.3所示)。

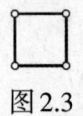

图2.3

要搭出一个2×2的正方形,需要12根牙签(如图2.4所示)。

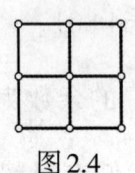

图2.4

要搭出一个7×7的正方形,需要多少根牙签?

一种常见方法

我们可以实际画出这个7×7的正方形,然后数一数所需要的牙签数。这个程序是可行的,但很麻烦,需要仔细作图。

一种示范性解答

我们首先画几个较小的正方形,看看是否会演化出一种模式。画出3×3和4×4正方形(如图2.5和图2.6所示),然后让我们看看

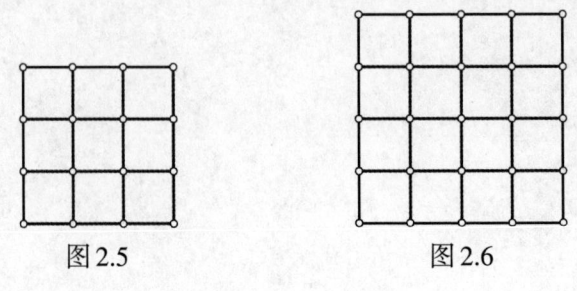

图2.5　　　　　图2.6

是否存在一种有助于解题的模式。

先来看看我们所知道的。

正方形	牙签数	增加的牙签数
1×1	4	—
2×2	12	8
3×3	24	12
4×4	40	16

啊哈！大正方形的边长每增加1，所需的牙签增量就增加4。我们可以将这张表继续下去。

正方形	牙签数	增加的牙签数
1×1	4	—
2×2	12	8
3×3	24	12
4×4	40	16
5×5	60	20
6×6	84	24
7×7	112	28

这张表显示了第三列递增4的情况。我们可以从这一列反过来计算牙签的根数，最终7×7的正方形要用到112根牙签。

第3章 逆向思考

大多数人听到这种策略的名字都会感到困惑,因为这是一种非常不自然的做事方式。我们大多数人在上学的时候,都被教导要以一种直截了当、单刀直入的方式来解数学题。然而,逆向思考往往是现实生活中许多问题的解决之道。举一个简单的例子,假设你必须在下午5点准时把你的孩子从足球训练场接回来,那么你应该什么时候出发?我们假设到球场要花30分钟。我们最好预留5分钟的安全时间。这样,我们就得提前35分钟出发,也就是说,不迟于下午4点25分。我们想都没想就在逆向思考了!当然,这只是这种策略的一个非常简单的例子。

为了进一步了解这种思维方式,我们将考虑另一个例子。假设发生了一场车祸。警察会从事故现场逆向思考。是谁撞了谁?哪辆车突然转弯了?刹车痕迹有多远?谁有优先通行权?这只是逆向思考的另一个例子。

当我们使用逆向思考策略时,我们通常会从题目的结尾或"答案"开始。我们从这一点开始,逆向执行所要求的操作。因此,如果题目说"增加2",那么我们就会"减少2",或者说"减去2"。毕竟,如果我们将什么事物增加了2,那么我们就应该减少2才能回到上一步。类似地,如果题目说乘3,那么当我们逆向思考时,就会除以3。让我们来看下面这道典型题目。

玛丽亚参加11次考试所得的平均分是80分。老师在计算她的最终平均分时非常慷慨：老师去掉了她的最低分。在本例中，老师去掉的是玛丽亚30分的那次考试分数。玛丽亚的最终平均分是多少？

我们从她的平均分开始倒推。平均分（或算术平均数）的计算方法通常是把所有分数加起来，然后除以考试次数。如果她11次考试的平均分是80分，那么这11次考试的总分必定是11×80=880分。（请注意，我们所做的是乘11，这与原来除以11的操作是互为逆运算。）减去老师去掉的30分，再将考试次数减1，我们发现她其余10次考试的总分是850分。她的最终平均分是

$$850 \div 10 = 85$$

让我们来尝试另一道可以从我们的逆向思考策略中获益的题目。

戴维刚玩了四局棒球卡游戏回来。他的卡包里现在有45张卡。当我问他游戏情况如何时，他告诉我，他在第一局游戏中输掉了一半的卡。在第二局游戏中，他赢得了他当时所拥有卡数的1/2倍。他在第三局中赢了9张卡。第四局是平局，所以没有卡易手。他一开始有几张卡？

我们可以根据题目描述的过程建立一系列方程。但是，让我们看看逆向思考策略会如何发挥作用。告诉我们的是最终结果（45张卡），要求的是一开始有几张卡。这是一个"商标"，表明这是一道很适合应用逆向思考策略来解答的典型题目。他在游戏结束时有45张卡。第四局是平局，因此在第三局结束时他仍然有45张卡。在第三局中，他赢了9张卡，所以他在第二局结束时肯定有

36张卡。在第二局游戏中,他赢了他当时所拥有卡数的12倍,所以他在第一局游戏结束时肯定有3张卡。在第一局游戏中,他输掉了一半的卡,因此他一开始肯定有6张卡。逆向思考策略使我们相当容易地解答了这道题。

3.1

某两个数的和是2。这两个数的乘积是5。求这两个数的倒数和。

一种常见方法

这道题目立即使人想到列出一组二元方程：
$$x + y = 2$$
$$xy = 5$$

由这两个联立方程，我们得到一个二元一次方程，然后可以用它的求根公式来求解。对于 $ax^2 + bx + c = 0$，求根公式为 $x = \dfrac{-b \pm \sqrt{b^2 - 4ac}}{2a}$。然而，由该方法得出的两个根 x 和 y 都是复数，即 $1+2i$ 和 $1-2i$。按照原题的要求，我们现在需要求这两个根的倒数和：

$$\frac{1}{1+2i} + \frac{1}{1-2i} = \frac{(1-2i)+(1+2i)}{(1+2i)(1-2i)} = \frac{2}{5}$$

我们应该在这里强调的是，这种方法完全没错，只不过并非解决这道题目的最优方法。

一种示范性解答

在着手解答一道题目之前，若退后一步看看要求的是什么，通常是有意义的。奇特的是，这道题目不是要求 x 和 y 的值，而是要求这两个数的倒数和。也就是说,我们要求的是 $\frac{1}{x}+\frac{1}{y}$。我们可以使用逆向思考策略问问自己,这会把我们引向何方。把这两个分数相加就可以得到这个答案。对此,有 $\frac{1}{x}+\frac{1}{y}=\frac{x+y}{xy}$。在这一刻,我们就可以立即得出所需的答案了,因为我们知道这两个数的和是2,而这两个数的积是5。我们只需将这两个值代入,便得到 $\frac{1}{x}+\frac{1}{y}=\frac{x+y}{xy}=\frac{2}{5}$,我们的题目得到了解答。

3.2

劳伦有一个11升的罐子和一个5升的罐子。她怎样才能准确地量出7升水?

一种常见方法

大多数人只会简单地猜测答案,并不断地"倒"来"倒"去,以试图得出正确的答案,这是一种"不聪明"的猜测和检验。

一种示范性解答

不过,这道题目可以利用逆向思考策略,用一种更有条理的方式来解答。我们最终要使那个11升的罐子里装有7升水,还剩下4升空着。但是,如何才能得到这空着的4升(如图3.1所示)?

4升

7升

11升罐子

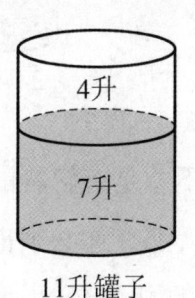

图3.1

为了得到4升,我们必须在5升的罐子里留下1升水。那么,我们怎样才能在5升的罐子里得到1升呢?把11升的罐子装满,然后将里面的水两次倒入5升的罐子,并把5升罐子倒空。这样,11升的罐子里就剩下1升水了。将这1升水倒入5升的罐子(如图

3.2所示)。

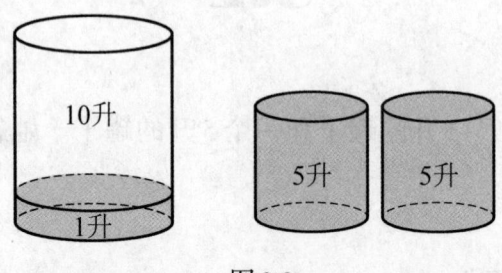

图3.2

现在,把11升的罐子装满,然后倒出装满5升罐子所需的4升水。这样,11升罐子里剩下的就是要求的7升(如图3.3所示)。

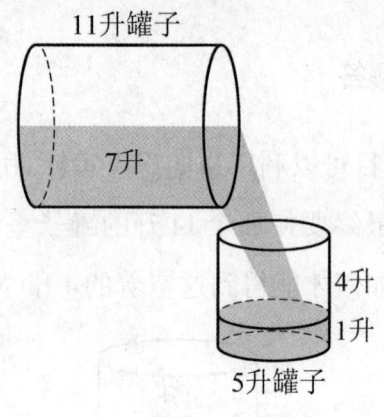

图3.3

请注意,这类题目并不总是有解答的。也就是说,如果你想再构造几道这一类型的题目,那么你必须记住,只有当两个给定罐子的容量的倍数之差等于所期望的量时,才存在解答。在这道题中,$2 \times 11 - 3 \times 5 = 7$。

这一概念可以引出对奇偶性的讨论。我们知道两个奇偶性相同的数之和总是偶数(即偶数+偶数=偶数,奇数+奇数=偶数),而两个奇偶性不同的数之和总是奇数(奇数+偶数=奇数)。因此,如果给出的是两个偶数量,就永远不可能产生奇数量。

3.3

回文数指的是从正反两个方向读起来都一样的那些数。例如，66、595、2332、7007 这些数都是回文数。杰克的老师让全班同学计算正整数 1 到 15 之和。杰克用计算器把从 1 到 15 的数加起来。当得到的答案是一个回文数时，他有点吃惊。杰克没有意识到他漏掉了一个数。杰克忘记输入的是哪个数？

一种常见方法

通常的方法是尝试所有可能的加法组合，每次漏掉一个数，直到所选的 14 个数之和产生一个回文数。这种蛮力方法是可行的，尤其是如果你使用一台计算器的话。然而，这是非常费时的，希望你不会每次漏掉不止一个数。

一种示范性解答

让我们尝试另一种方法，首先检查正整数 1 到 15 之和应该是多少。虽然我们可以用一个著名的等差数列求和公式，即 $S = \dfrac{n(n+1)}{2}$，但我们也可以用年轻的卡尔·弗里德里希·高斯①在 10 岁时发现的那个极其聪明的求等差数列之和的方法。不按照给定的顺序把这些数加起来：$1 + 2 + 3 + \cdots + 14 + 15$，而只是把第一个数与

---

① 高斯（Carl Friedrich Gauss，1777—1855），德国数学家、物理学家、天文学家、大地测量学家、近代数学奠基者之一，被认为是历史上最重要的数学家之一。——译注

最后一个数相加,然后把第二个数和倒数第二个数相加,这样就得到了7个16以及在序列中间的数8,由此给出的和就是7×16+8=120。

因为杰克漏掉了一个数,因此得到的回文数肯定是111。现在你可能会想:为什么他不能得到另一个回文数,比如说101呢?他若要得到101,他在加法中漏掉的那个数就应该是19,而这个数不在他要相加的那些数(即1—15)的清单里。因此,他在加法中漏掉的数一定是9。

3.4

萨特纳太太为她的女儿伯莎烤了几天的午餐饼干。第一天,伯莎吃了一半的饼干。第二天,她吃了剩下的一半。第三天,她吃了剩下的四分之一。第四天,她吃了剩下的三分之一。第五天,她吃了剩下的一半。第六天,她吃了剩下的最后一块饼干。伯莎的妈妈一共烤了多少块饼干?

一种常见方法

对这道题目的第一反应是要开始构建一系列表达式来表示每天吃的饼干数。设 x 表示伯莎一开始的饼干数。

天数	原有的饼干数	吃掉的饼干数	剩下的饼干数
1	x	$\dfrac{x}{2}$	$\dfrac{x}{2}$
2	$\dfrac{x}{2}$	$\dfrac{x}{4}$	$\dfrac{x}{4}$
3	$\dfrac{x}{4}$	$\dfrac{x}{16}$	$\dfrac{3x}{16}$
4	$\dfrac{3x}{16}$	$\dfrac{3x}{48}\left(=\dfrac{x}{16}\right)$	$\dfrac{x}{8}$
5	$\dfrac{x}{8}$	$\dfrac{x}{16}$	$\dfrac{x}{16}$
6	$\dfrac{x}{16}$	1	

因此 $\dfrac{x}{16} = 1$

$x = 16$

她一开始有16块饼干。

一种示范性解答

一种更高效的方法是使用我们的逆向思考策略。我们从题目的结尾开始,然后回溯到一开始:

第6天,她吃了最后1块饼干,因此原来必定有1块;

第5天,她吃了$\frac{1}{2}$,因此原来必定有2块;

第4天,她吃了$\frac{1}{3}$,因此原来必定有3块;

第3天,她吃了$\frac{1}{4}$,因此原来必定有4块;

第2天,她吃了$\frac{1}{2}$,因此原来必定有8块;

第1天,她吃了$\frac{1}{2}$,因此原来必定有16块。

她一开始有16块饼干。请注意,当我们逆向思考时,必须对在使用的运算取"逆"运算。我们不是取半,而是加倍;我们不是加,而是减,以此类推。这似乎是一个比较容易的过程。

3.5

有一道困扰了许多趣味数学爱好者的题目:玛丽亚现在24岁。当玛丽亚在安娜现在的年龄时,安娜当时的年龄的两倍就等于玛丽亚现在的年龄。安娜现在几岁?

一种常见方法

这道题目的解答并不适合于简单地建立一个方程,并由此得到一个答案。这里还需要更多的。我们可以从图3.4开始。

	以前	现在
安娜	a	$a+n$
玛丽亚	$24-n$	24

图3.4

我们有 $24=2a$,因此 $a=12$。还有 $24-n=a+n=12+n$,因此 $n=6$。当玛丽亚在安娜现在的年龄(18岁)时,安娜12岁。安娜现在18岁。

一种示范性解答

可以表明,逆向思考可能是解答这道题目的一种合理的方法。因此,我们也可以如下解答。

题目所提出的情况表现在两个层面上:

1. 现在,玛丽亚24岁

2. n 年前

然后我们建立以下关系：

$M=$ 玛丽亚现在的年龄 $(=24)$，$A=$ 安娜现在的年龄，$n=$ 两个年份之差。

由第一个层面可知，玛丽亚现在的年龄是安娜当时年龄的两倍：

$$2(A-n)=M \tag{3.1}$$

由第二个层面可知，玛丽亚当时的年龄和安娜现在的年龄一样：

$$M-n=A \tag{3.2}$$

现在将(3.2)式代入(3.1)式得

$$2(M-n-n)=M \Rightarrow n=\frac{M}{4}=\frac{24}{4}=6 \tag{3.3}$$

将 $n=6$ 这个值代入(3.2)式，得出：

$$M-6=A \Rightarrow A=24-6=18 \tag{3.4}$$

这告诉我们安娜现在18岁。

3.6

凸四边形内的哪一点到各顶点的距离之和最小?

一种常见方法

大多数人都会不假思索地试图用一种试错法来找到要求的那个点,从而使其到各顶点的距离之和达到可能的最小值。有人可能会"碰巧发现",这一点是对角线的交点。这是正确的答案,但这种方法不能使大家对解答毫无疑问。

一种示范性解答

下面的阐述会表明我们的逆向思考策略是一种相当聪明的策略。我们从四边形 $ABCD$ 开始,其对角线相交于点 E,而我们可能认为点 P 是我们想求的到各顶点的距离之和最小的那个点。然后我们作连接点 P 和四边形各顶点的直线(虚线),如图 3.5 中所示。

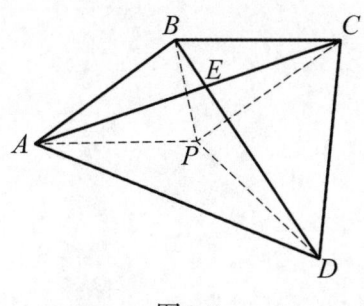

图 3.5

当我们观察三角形 APC 时,由于三角形的任意两边之和总是大于第三边,因此我们发现 $AP + PC > AC$。同理,$BP + PD > BD$。将这两个不等式相加，我们得到 $AP+PC+BP+PD>AC+BD$。因此，通过逆向思考，我们推测点 P 可能是想求的点，我们发现如果选择除点 E 外的其他点作为想求的点，那么我们也会得到同样的结果。因此，唯一满足条件的点是点 E，即对角线的交点。

3.7

假设方程 $x^2+3x-3=0$ 的根是 r 和 s。r^2+s^2 的值是多少?

一种常见方法

常见的方法是实际求解方程,得出 r 和 s 的值。对于 $ax^2+bx+c=0(a\neq 0)$,求根公式为 $x=\dfrac{-b\pm\sqrt{b^2-4ac}}{2a}$。利用该公式,我们得到:

$$x=\frac{-3\pm\sqrt{9-4\times 1\times(-3)}}{2}=\frac{-3\pm\sqrt{21}}{2}$$

我们现在需要求出这两个根的平方,然后再对它求和,于是有下列各式:

$$r^2=\frac{15-\sqrt{21}}{2}$$

$$s^2=\frac{15+\sqrt{21}}{2}$$

$$r^2+s^2=15$$

一种示范性解答

要采用一种更优雅的解答,我们需要回忆一下初等代数中的一个关系:一元二次方程 $ax^2+bx+c=0(a\neq 0)$ 的两根之和为 $\dfrac{-b}{a}$,而两根之积为 $\dfrac{c}{a}$。由给定的方程,我们发现两根之和 $r+s=-3$,两根

之积 $rs = -3$。我们不像前面所做的那样直接求根，而是使用我们的逆向思考策略，去搜寻两个根的平方和，我们会看看如何生成这个平方和。由于 $(r+s)^2 = r^2 + s^2 + 2rs$，因此把这个等式改写一下，有 $r^2 + s^2 = (r+s)^2 - 2rs$。

因此最后有 $r^2 + s^2 = (-3)^2 - 2 \times (-3) = 9 + 6 = 15$。

3.8

麦克斯、萨姆和杰克正在玩一种不寻常的纸牌游戏。在这种游戏中,当一位玩家输了,他要给其他各玩家的钱等于他们各自手里现有的钱。麦克斯输掉了第一局游戏,于是给了萨姆和杰克相当于他们各自手里的钱。萨姆输掉了第二局游戏,于是给了麦克斯和杰克相当于他们各自手里的钱。杰克输掉了第三局游戏,于是给了麦克斯和萨姆相当于他们各自手里的钱。然后他们决定停止游戏,此时每个人都恰好有8美元。他们一开始各自有多少钱?

一种常见方法

这道题目会使我们想到要建立一系列方程来表示每一局游戏。首先,我们将按以下方式表示每位玩家一开始手里有多少钱:麦克斯一开始有 x,萨姆一开始有 y,而杰克一开始有 z。

游戏的局数	麦克斯	萨姆	杰克
1	$x-y-z$	$2y$	$2z$
2	$2x-2y-2z$	$3y-x-z$	$4z$
3	$4x-4y-4z$	$6y-2x-2z$	$7z-x-y$

最后一次交易后,我们发现这些值中的每一个都是8。这就给出了以下三元一次方程组:

$$\begin{cases} 4x - 4y - 4z = 8 \\ -2x + 6y - 2z = 8 \\ -x - y + 7z = 8 \end{cases} \quad \text{或} \quad \begin{cases} x - y - z = 2 \\ -x + 3y - z = 4 \\ -x - y + 7z = 8 \end{cases}$$

当我们联立解这三个方程时,就得到:
$$x=13, y=7, z=4$$

一种示范性解答

请注意,这道题目给出了结束时的情况,而要求开始时的情况。这可能会给我们一条线索,这也许是一道通常会受益于逆向思考策略的题目。同样要注意的是,对情况的陈述表明,在游戏中钱的总额(即24美元)是不变的。因此,逆向思考将提供一个优雅的解答。

游戏阶段	麦克斯	萨姆	杰克	总计
第3局游戏完	8	8	8	24
第2局游戏完	4	4	16	24
第1局游戏完	2	14	8	24
开始时	13	7	4	24

麦克斯一开始有13美元,萨姆一开始有7美元,杰克一开始有4美元。这个答案和先前一样,但是以一种更优雅的方式得到。

3.9

艾尔和史蒂夫正在为自然博物馆分辨斑点蝾螈。艾尔把有2个斑点的蝾螈放进一个展区,而史蒂夫把有7个斑点的蝾螈放进另一个展区。艾尔的展区里比史蒂夫的展区里多5条蝾螈。两个展区里所有的蝾螈总共有100个斑点。两个展区中一共有多少条蝾螈?

一种常见方法

这道题目的性质通常会导致解题者使用代数方法。首先,用 x 来代表艾尔的展区中的蝾螈数量,用 y 来代表史蒂夫的展区中的蝾螈数量。这就有以下方程:

$$x - y = 5$$
$$2x + 7y = 100$$

求解这对联立方程的方法如下。将第一个方程乘以2,我们得到:

$$2x - 2y = 10$$
$$2x + 7y = 100$$

将这两个方程相减,得到:

$$9y = 90, 即 y = 10$$

然后将这个 y 值代入第一个方程,就得到 $x = 15$。因此,艾尔和史蒂夫总共有 $15 + 10 = 25$(条)蝾螈。这是一个完全正确的解答,但不是最优雅的。

一种示范性解答

让我们来看看能否通过逆向思考来解这道题,从而简化我们的工作。要求我们回答的不是这两个人各有多少条蝾螈,而是蝾螈的总数。因此,我们仍然可以从那两个方程开始。换言之,我们要求的是 $x+y$,而不是分别求每个未知量。我们将再次直接由给定的信息建立这两个方程。

$$x - y = 5$$
$$2x + 7y = 100$$

不过,这一次我们会寻找一种方法来得到两个未知量之和。

为此,我们将第一个方程乘5,而将第二个方程乘2,得到以下结果。

$$5x - 5y = 25$$
$$4x + 14y = 200$$

然后把这两个方程相加,就得到 $9x + 9y = 225$,即 $x+y = 25$。这种方法并不典型,但它确实展示了一种更复杂一些的解题方法,这些题所要求的东西超出了大多数人的预期。因此,我们使用了一种稍有些不同寻常的解法。

3.10

给定以下两个方程,$6x + 7y = 2007$,$7x + 6y = 7002$。求 $x + y$ 的值。

一种常见方法

求解二元一次方程组的传统方法是将它们联立求解。

$$\begin{cases} 6x + 7y = 2007 \\ 7x + 6y = 7002 \end{cases}$$

第一个方程乘以 7,第二个方程乘以 6,得到

$$42x + 49y = 14\,049$$

$$42x + 36y = 42\,012$$

将这两个方程相减,得到

$$13y = -27\,963$$

$$y = -2151$$

将这个 y 值代入第一个方程,就得到

$$6x - 15\,057 = 2007$$

$$6x = 17\,064$$

$$x = 2844$$

因此,要求的和 $x + y = 2844 - 2151 = 693$。

一种示范性解答

让我们通过逆向思考来解这道题目。只要看一眼给定的两个

方程,就会发现它们有某种对称性。我们可能会自问,这种对称性是否能引导我们找到一种更优雅的解答？观察一下要求的是什么,我们就会注意到,与通常的这类题目不同,这里没有要求分别求出 x 和 y 的值,而只需要求它们的和。那么,让我们来看看上面的对称性是否能引导我们在不先求出 x 和 y 的值的情况下求和。如果我们把这两个方程相加,就得到：

$$\begin{array}{r} 6x + 7y = 2007 \\ 7x + 6y = 7002 \\ \hline 13x + 13y = 9009 \end{array}$$

把方程的两边同时除以13,结果就得到 $x + y = 693$。我们从要求的结果逆向思考,得出想要的结果。

第4章 换一个角度

在现有的许多数学解题策略中,让我们避免"碰壁"(即避免挫折)的策略是从一个不同的角度来解题。下面这道题也许是一个经典的例子——由于其解题方法的简单性和引人注目的差异。在这个例子中,常见的方法能给出一个正确的答案,但是很麻烦,往往会导致一些算术错误。请考虑下面这道题目:

在一所有25个班级的学校里,每个班级都组建了一支篮球队,参加全校锦标赛。在这次锦标赛中,输掉一场比赛的球队就会立即被淘汰。学校只有一个体育馆,校长想知道,要在这个体育馆里举行多少场比赛,才能产生出冠军。

这道题目的典型解答可以是模拟这次实际的锦标赛,首先随机选出12支球队作为一组,让他们与另一组12支队伍比赛,还有一支球队抽签暂时轮空,即暂时不用参加比赛。然后获胜的球队按如下方式继续比赛。

任意12支球队对任意其他12支球队,锦标赛中剩下12支获胜的球队。

6支获胜的球队对另6支获胜的球队,锦标赛中剩下6支获胜的球队。

3支获胜的球队对另3支获胜的球队,锦标赛中剩下3支获胜的球队。

3支获胜的球队+1支球队（这支球队之前轮空）= 4支球队。

2支球队对剩下的2支球队，锦标赛中将剩下2支获胜的球队。

1支球队对1支球队产生冠军！

现在计算已打过的比赛场数，我们得到：

比赛的球队数	比赛的场数	获胜的球队数
24	12	12
12	6	6
6	3	3
4	2	2
2	1	1

比赛的总场数为

$$12+6+3+2+1=24$$

这似乎是一个非常合理的解答方法，当然也是一个正确的方法。

换一个角度来处理这道题目会容易得多，也就是说，不是像我们在前面的解答中所做的那样考虑获胜球队，而是去考虑失利球队。在这种情况下，我们可以自问一下，为了产生冠军，在这一赛事中必须有多少支失利球队？显然，从最初的25支球队开始，必须有24支失利球队。要得到24支失利球队，就需要打24场比赛，这样题目就得到了解答。换一个角度看题目是一种奇特的方法，在各种情况下都很有用。

另一种不同的角度是，将这25支球队中的一支视为职业篮球队(仅为了我们的目的),它将确保能赢得这场锦标赛。剩下的24支球队中的每一支都将与这支职业球队交手,因此结果只能是输。我们再次看到,产生冠军需要打24场比赛。这应该向你展示了这种解题技巧的力量。我们接下来考虑大量不同的题目,这些题目通过换一个角度可以得到最高效的解答。

4.1

在圆 O 的周长上任意选择一点 P,PA 和 PB 分别垂直于两条相互垂直的直径(如图 4.1 所示)。如果 $AB=12$,用 π 表示圆周率,那么圆的面积的表达式是什么?

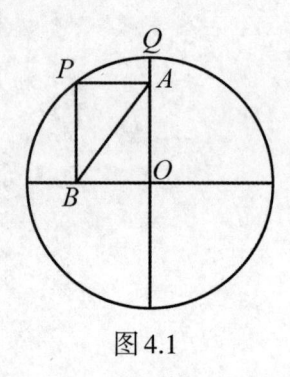

图 4.1

一种常见方法

由于三角形 PAB 和 OAB 都是直角三角形,因此大多数人会试图利用毕达哥拉斯定理[①]来解这道题。这种方法会让人走进一条死胡同,因为题目没有提供足够的信息来让我们正确应用毕达哥拉斯定理。

一种示范性解答

这道题目可以用多种方法来解。一种方法是考虑极端情况。假设将点 P 选在圆上的点 Q 处。在这种情况下,AB 就会与 QO 重

---

① 毕达哥拉斯定理(Pythagorean Theorem),即我们所说的勾股定理。在西方,相传由古希腊的毕达哥拉斯首先证明。而在中国,相传于殷末周初就由商高发现。——译注

叠，而QO是圆的半径。因此，这个圆的面积是144π。

我们也可以换一个角度来看待这道题目。如果一个四边形有三个直角，那么它必定是一个矩形。线段AB是这个矩形的对角线，同样，线段PO也是这个矩形的对角线。由于矩形的两条对角线是相等的，而这个圆的半径PO = 12，因此我们再次计算出这个圆的面积是144π。

4.2

将一副由52张牌组成的标准扑克牌随机地分成两叠,每叠26张。其中一叠中的红牌数量与另一叠中的黑牌数量相比,会得到什么结果?

一种常见方法

处理这道题目的典型方法是用符号来表示各叠中的黑牌数量和红牌数量。我们可以将题目所述的情况用符号表示如下:

B_1 = 第1叠牌中的黑牌数量

B_2 = 第2叠牌中的黑牌数量

R_1 = 第1叠牌中的红牌数量

R_2 = 第2叠牌中的红牌数量

于是,由于黑牌的总数等于26,因此我们可以写成 $B_1 + B_2 = 26$,又由于第2叠中的牌的总数也等于26,因此我们得到 $R_2 + B_2 = 26$。

将 $B_1 + B_2 = 26$ 和 $R_2 + B_2 = 26$ 这两个方程相减,我们就得到 $B_1 - R_2 = 0$。由此可得 $B_1 = R_2$,这告诉我们一叠中的红牌数量就等于另一叠中的黑牌数量。虽然解了题,但这个解答并不优雅。我们这一章的主题是要提供一些巧妙的解答来展示数学的美和力量。

一种示范性解答

让我们换一个角度思考问题,如果将所有的红牌放在第1叠中，然后将它们与第2叠中的黑牌交换。现在，所有的黑牌都在一叠中，而红牌在另一叠中。因此，一叠中的红牌数量必定与另一叠中的黑牌数量相等。用简单的逻辑就解答了这道题目——只要换一个角度来看待它。

4.3

罗恩格林得到了4根链条(如图4.2所示)，每根链条由3节链环组成。请说明如何通过最多断开并接合3节链环，将这4根链条变成一根圆形链条。

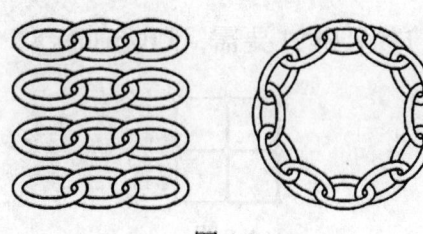

图4.2

一种常见方法

典型的第一次尝试解答都会选择断开一根链条的末端链环，然后将其连接到第二根链条，以形成一根有6节链环的链条；然后断开并接合第三根链条中的一节链环，将其连接到6节链环的那根链条，以形成一根有9节链环的链条。断开并接合第四根链条中的一节链环，并将其连接到9节链环的那根链条，我们得到了一根有12节链环的链条，但这样得到的不是一个圆。因此，这种典型的尝试通常会以失败告终。一些人的典型做法是尝试断开/接合各根链条的一个链环并尝试将它们连接在一起以获得所需结果的其他组合，但这种方法并不会成功。

一种示范性解答

这道题目很适合换一个角度的策略。事实上,你也许会说,事实证明这一策略是非常宝贵的。换一个角度是,与其不断尝试断开并接合每根链条的一个链环,不如断开一根链条中的所有链环,并使用这些链环将其余三根链条连接在一起,从而构成所需的圆环链条。这很快就给出了成功的解答。

4.4

哪些小于100的正整数除以7时余数为3,且除以5时余数为4?

一种常见方法

让我们来考虑小于100的、除以7时余数为3的那些正整数,它们构成的集合如下:{3,10,17,24,31,38,45,52,59,66,73,80,87,94}。现在我们来考虑小于100的、除以5时余数为4的那些正整数,它们构成的集合如下:{4,9,14,19,24,29,34,39,44,49,54,59,64,69,74,79,84,89,94,99}。

当我们检查这两个集合时,会注意到有3个数是两个集合中都有的,它们是24,59,94。

一种示范性解答

我们将换一个角度来考虑这道题目。我们所求的每一个数都必定既满足$7n+3$的形式,又满足$5k+4$的形式,其中n和k是整数。我们可以把这两条性质结合起来,这样我们要求的就是满足$35r+p$形式的数,其中r和p是整数。于是由形式为$7n+3$的数构成的第一个集合,其中的数也可以写为$35r+3,35r+10,35r+17,35r+24,35r+31$。其中只有一个也满足$5k+4$的形式,那就是$35r+24$。考虑小于100的、满足此关系的数,我们令$r=0,1,2$,就得到了3个满足要求的数:24,59,94。

4.5

在 $\sqrt{5}+\sqrt{8}$ 和 $\sqrt{4}+\sqrt{10}$ 这两个数中,较大的是哪一个?

一种常见方法

由于计算器已无处不在,人们能对每个数取平方根,然后计算它们的和,以得到要求的答案。虽然这可能是一种相对高效的方法,但我们不会认为这是一种优雅的解答。

一种示范性解答

我们将换一个角度来解这道题,即对这两个和各自取平方,然后看看能否进行比较。

$$\left(\sqrt{5}+\sqrt{8}\right)^2 = 5 + 2\sqrt{40} + 8 = 13 + 2\sqrt{40}$$

$$\left(\sqrt{4}+\sqrt{10}\right)^2 = 4 + 2\sqrt{40} + 10 = 14 + 2\sqrt{40}$$

通过这种方式简化后,答案现在很明显了,这两个表达式中较大的是 $\sqrt{4}+\sqrt{10}$。

4.6

n 可以取哪些正整数值而使分数 $\dfrac{7n+15}{n-3}$ 的值为整数?

一种常见方法

一种直接的反应是尝试不同的 n 值,看看哪些数会使该分数的值为整数。例如,如果我们令 $n=4$,就得到 $\dfrac{43}{1}$,这是一个整数。虽然通过这种方法可能会得到 n 的一些值,但我们如何确认这些 n 是所有满足条件的值? 这种方法通常不会给出所有的可能性。

一种示范性解答

让我们采用换一个角度的策略。我们先来做这个除法:

$$\begin{aligned}\dfrac{7n+15}{n-3} &= \dfrac{7n-21+36}{n-3} \\ &= \dfrac{7n-21}{n-3}+\dfrac{36}{n-3} \\ &= \dfrac{7(n-3)}{n-3}+\dfrac{36}{n-3} \\ &= 7+\dfrac{36}{n-3}\end{aligned}$$

要使这个值为整数,$n-3$ 就必须是 36 的一个因数。36 的因数有 1,2,3,4,6,9,12,18,36。因此,

如果 $n-3=$	那么 $n=$
1	4
2	5
3	6
4	7
6	9
9	12
12	15
18	21
36	39

使分数 $\dfrac{7n+15}{n-3}$ 的值为整数的 n 的值是 4, 5, 6, 7, 9, 12, 15, 21, 39。

4.7

有10位宫廷珠宝商,每人送给国王的顾问萨克斯先生一堆金币。每堆都有10枚金币,每一枚真的金币都恰好重1盎司(约28.35克)。不过,只有一堆里都是"轻的"金币,其中每一个"轻的"金币的边缘都被刮掉了0.1盎司的黄金。萨克斯先生想用一台天平只称重一次,就找出那个行事不正的珠宝商和那堆轻的金币。他如何才能做到这件事?

一种常见方法

传统的程序是先随机选择一堆金币称重。这种试错法只有十分之一的概率是正确的。你一旦认识到这一点,就可以重新尝试通过推理来解这道题。首先,如果所有的金币都是真的,那么它们的总重量将是 10×10 盎司,或者说100盎司。10枚假币中的每一枚都较轻,因此会短缺 10×0.1 盎司,或者说1盎司。但从总短缺量的角度来思考是不会有结果的,因为无论这些轻的金币是在第一堆、第二堆、第三堆或其他堆里,1盎司的短缺量都会出现。

一种示范性解答

让我们通过以一种不同的方式组织材料来解这道题。我们必须找到一种方法来变化这一短缺量,使我们能够识别出较轻的金币取自哪一堆。将这十堆金币分别编号为 $1, 2, 3, 4, \cdots, 9, 10$。然后我们从编号为1的那一堆里取1枚金币,从编号为2的那一堆里取2枚金币,从编号为3的那一堆里取3枚金币,从编号为4的那一堆里取4枚金币,以此类推。我们现在总共有 $1+2+3+4+\cdots+8+9+10=55$ 枚硬币。如果这些都是完好的金币,那么总重量将是55盎司。如果短缺量为0.5盎司,那么就有5枚轻金币,它们取自编号为5的那一堆。如果短缺量为0.7盎司,那么就有7枚轻金币,它们取自编号为7的那一堆,以此类推。于是萨克斯先生就能很容易认出那堆轻的金币,并找到那个把每一枚金币都刮掉一些的珠宝商。

4.8

一家快餐店以7块一盒和3块一盒两种规格出售鸡块。顾客不能购买到的最大鸡块数是多少?

一种常见方法

我们可以简单地通过尝试找到答案,实际地将7和3组合起来,直到我们可以组合出所有数量的鸡块。

鸡块数	能否购买	组合方式
1	不能购买	
2	不能购买	
3	能购买	1×3
4	不能购买	
5	不能购买	
6	能购买	2×3
7	能购买	1×7
8	不能购买	
9	能购买	3×3
10	能购买	1×7+1×3
11	不能购买	
12	能购买	4×3
13	能购买	2×3+1×7
14	能购买	2×7
15	能购买	5×3

(续表)

鸡块数	能否购买	组合方式
16	能购买	3×3+1×7
17	能购买	1×3+2×7
18	能购买	6×3
19	能购买	4×3+1×7
20	能购买	2×3+2×7
21	能购买	7×3 或 3×7
22	能购买	5×3+1×7

看来我们不能购买的最大鸡块数量是11块。从这个数量开始,我们只需要再增加3块或7块就行了。

一种示范性解答

在这里,我们将引用数学中的一个概念,它将显示出某种优雅性,并使读者对它为什么会成立产生疑惑——这提供了进一步探究的动机。有一条著名的定理叫作"麦乐鸡定理"(Chicken McNuggets Theorem)。该定理指出,如果麦当劳的麦乐鸡块是按盒出售的,每盒 a 块或每盒 b 块,其中 a 和 b 没有公因数,那么顾客不能购买到的麦乐鸡块最大数量是 $ab-(a+b)$。例如,如果它们以8块一盒和5块一盒出售,那么不能出售的最大数量是 $8×5-(8+5)=40-13=27$。

在上面这道题目中,不能出售的最大数量是 $3×7-(3+7)=21-10=11$。

4.9

请化简下列各式：

(a) $\dfrac{729^{35} - 81^{52}}{27^{69}}$

(b) $\dfrac{6 \times 27^{12} + 2 \times 81^{9}}{8\,000\,000^{2}} \times \dfrac{80 \times 32^{3} \times 125^{4}}{9^{19} - 729^{6}}$

一种常见方法

虽然有人可能会尝试使用计算器来计算这个表达式，但我们对计算器的期望往往被高估了，得到的结果会是一个表示"错误"的记号。

一种示范性解答

(a) 我们将换一个角度来处理这道题。利用我们对 3 的幂的知识，这道题的计算如下：

$$\begin{aligned}
\frac{729^{35} - 81^{52}}{27^{69}} &= \frac{(3^{6})^{35} - (3^{4})^{52}}{(3^{3})^{69}} \\
&= \frac{3^{210} - 3^{208}}{3^{207}} \\
&= \frac{3^{208} \times (3^{2} - 1)}{3^{207}} \\
&= 3 \times 8 \\
&= 24
\end{aligned}$$

(b) 此表达式可以通过将各数分解成素因数来进行如下化简：

$$\frac{6 \times 27^{12} + 2 \times 81^9}{8\,000\,000^2} \times \frac{80 \times 32^3 \times 125^4}{9^{19} - 729^6}$$

$$= \frac{2 \times 3 \times (3^3)^{12} + 2 \times (3^4)^9}{(3^2)^{19} - (3^6)^6} \times \frac{2^4 \times 5 \times (2^5)^3 \times (5^3)^4}{(2^3 \times 2^6 \times 5^6)^2}$$

$$= \frac{2 \times 3^{37} + 2 \times 3^{36}}{3^{38} - 3^{36}} \times \frac{2^{19} \times 5^{13}}{2^{18} \times 5^{12}}$$

$$= \frac{2 \times 3^{36} \times (3 + 1)}{3^{36} \times (3^2 - 1)} \times 2 \times 5$$

$$= \frac{2 \times (3 + 1)}{3^2 - 1} \times 2 \times 5$$

$$= 10$$

4.10

沃尔夫冈和路德维希各自拥有的钱都不到100欧元,且他们的金额都是整数。两人在数钱时发现,原来沃尔夫冈的钱的四分之三就等于路德维希的三分之二。他们各自最多可能有多少欧元?

一种常见方法

第一反应是用代数。我们可以建立一个二元一次方程。用 W 代表沃尔夫冈拥有的钱,L 代表路德维希拥有的钱。于是我们可以建立如下方程:

$$\frac{3W}{4} = \frac{2L}{3}$$

将上式乘以12,我们得到 $9W = 8L$。我们解出 W,就得到:

$$W = \frac{8L}{9}$$

由于他们各自的金额都是一个正整数,因此路德维希的金额必定是9的一个倍数,比如9,18,27,36,…,99欧元。我们现在可以依次尝试其中每个数,以确定路德维希有多少欧元。路德维希最多可有11×9欧元,或者说99欧元(不到100欧元)。由于路德维希的钱的 $\frac{2}{3}$(66欧元)等于沃尔夫冈的钱的 $\frac{3}{4}$,因此沃尔夫冈就有 $\frac{4}{3} \times 66$ 欧元,或者说88欧元,而路德维希有99欧元。

一种示范性解答

让我们来使用算术,换一个角度。由于路德维希的钱的 $\frac{2}{3}$ 等于沃尔夫冈的钱的 $\frac{3}{4}$,因此我们应该寻找具有相同分子的相等分数

沃尔夫冈:$\frac{3}{4} = \left[\frac{6}{8}\right] = \frac{9}{12}$

路德维希:$\frac{2}{3} = \frac{4}{6} = \left[\frac{6}{9}\right]$

如果沃尔夫冈有8欧元,路德维希有9欧元,那么这两个分数的分子部分相等,即各6欧元。所以我们的答案必定是8和9的相同倍数。因此,路德维希最多可能有11×9欧元,或者说99欧元,而沃尔夫冈则最多可能有11×8欧元,或者说88欧元。

我们可以检查一下这些答案:取88欧元的 $\frac{3}{4}$,结果是66欧元,而取99欧元的 $\frac{2}{3}$,结果也是66欧元。

4.11

在图 4.3 中,给定矩形 AEFK 的尺寸为:宽 AK = 8,而长 AE 则分为四段,即 AB = 1, BC = 6, CD = 4, DE = 2。四个着色三角形的总面积是多大?

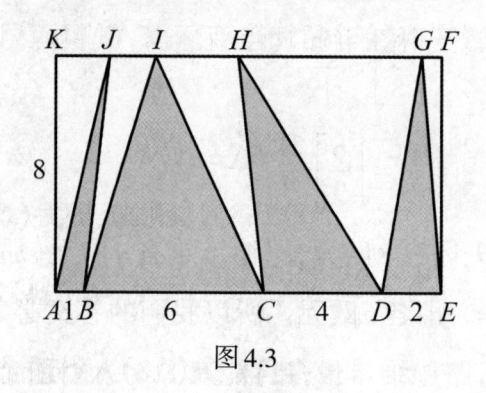

图 4.3

一种常见方法

显而易见的方法是求出这四个三角形的面积,然后求它们的和。所有四个三角形的高都等于长度 AK = 8。因此,这四个三角形的面积为:

$$S_{\triangle ABJ} = \frac{1}{2} \times 1 \times 8 = 4$$

$$S_{\triangle BCI} = \frac{1}{2} \times 6 \times 8 = 24$$

$$S_{\triangle CDH} = \frac{1}{2} \times 4 \times 8 = 16$$

$$S_{\triangle DEG} = \frac{1}{2} \times 2 \times 8 = 8$$

这些面积之和为 4 + 24 + 16 + 8 = 52 平方单位。

一种示范性解答

我们可以利用换一个角度的策略来解答这道题目。每个三角形都具有相同的高，也就是8。这四个三角形的底的总和等于矩形的长，也就是13。因此，这四个着色三角形的面积就是矩形面积的一半，即 $\frac{1}{2} \times 13 \times 8 = 52$。

4.12

使用1到9的数字可以形成多少个各位数字从左向右递增的数？

一种常见方法

大多数人很可能会使用试错法，看看是否会演变出某种模式，并按照他们所得到的数的位数来列出这些数，即首先列出各一位数，然后列出各两位数和三位数，以此类推。如果做得很仔细，那么可能会得到一个正确的解答，但这一过程会相当乏味。

一种示范性解答

让我们首先考虑一下可用的正整数集$\{1,2,3,4,5,6,7,8,9\}$。这些数字的每一个子集（除了空集之外）都会产生一个我们想要的数。例如，集合$\{3,5,7,9\}$将给出符合要求的数3579。那么，问题是，这个由9个数字组成的集合有多少个子集？有$2^9=512$个这样的子集。但是，这个数是包括空集的，我们必须将其扣除。因此，我们的9个数字形成的集合有$2^9-1=511$个非空子集，其中每个子集都会给我们一个满足要求的数，即它的各位数字从左向右递增。

4.13

在图 4.4 中有一个等腰三角形和一系列无穷多个圆,每个圆都与等腰三角形的两边及相邻的圆相切,最下方的圆与三角形的底相切。这个等腰三角形的三边长是 13、13、10。这些圆的周长之和是多少?

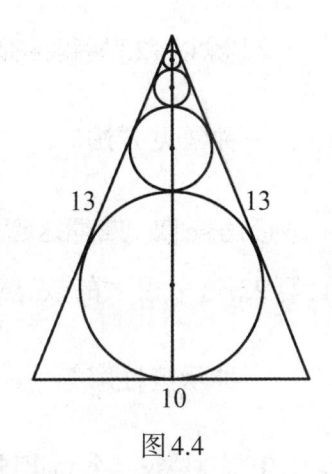

图 4.4

一种常见方法

虽然听起来很乏味,但这里常见的方法是求出每个圆的周长,然后对它们求和。这会是一个非常复杂的计算,但如果仔细地做,就可能会得出一个正确的答案。

一种示范性解答

我们将采用换一个角度的策略来解这道题目。利用毕达哥拉斯定理,我们求出这个等腰三角形的高为 12。我们还会注意到,这些圆的直径之和等于此等腰三角形的高,因为有无穷多个圆。因此,这些圆的周长之和就等于直径之和乘以 π,即 12π。

4.14

22^7除以123所得的余数是多少?

一种常见方法

不幸的是,处理这道题目的常见方法是花费大量时间去实际计算22^7这个很大的数,然后将它除以123,看看余数会是多少。

一种示范性解答

我们将换一个角度来考虑这道题目。我们不去把22^7展开为一个没有指数的数,而是将其展开为一些指数幂。也就是说,我们可以将22^7写成:

$$22^7 = 2^7 \times 11^7$$
$$= 2^7 \times 11^2 \times 11^2 \times 11^2 \times 11$$
$$= (123 + 5)(123 - 2)(123 - 2)(123 - 2) \times 11$$

现在我们需要回忆一下,如果我们有两个二项式,例如$123+s$和$123+t$,那么经过下面这些演算可以表明它们的乘积等于$123k+st$:

$$(123 + s)(123 + t) = 123^2 + 123s + 123t + st$$
$$= 123(123 + s + t) + st = 123k + st$$

因此,由上面那个展开式可得①

$$123n - 440 = 123n - 492 + 52 = 123(n - 4) + 52$$

于是我们得到22^7除以123的余数是52。

---

① 由上面的展开式得出下式的过程如下:$(123+5)(123-2)(123-2)(123-2)(11)=$
$[123(123+3)-10][123(123-4)+4](11)=123n-440$。——译注

4.15

在橄榄球比赛中,球队一次安全得分是2分,一次射门得分是3分,一次达阵得分是7分。如果我们去掉安全得分2分,只剩下3分和7分。在这种比赛中不可能实现的最高得分是多少?

一种常见方法

显而易见的方法是写出所有可能的得分,直到我们确定不可能再出现更高的不可实现的得分了。然而,我们如何才能确定没有更高的得分存在呢?

一种示范性解答

我们可以采取换一个角度的策略来解答这道题目。与其看哪些得分是不可能达到的,不如看哪些得分是可能达到的。射门得分可能是3,6,9,12,15,…。达阵得分可能是7,14,21,28,…。其他得分可以通过在先前得分的基础上增加一次射门得分或达阵得分来获得。因此,我们不可能实现的得分是2,4,5,8,11中的任何一个。从12开始的任何得分都可能出现,我们可以从下列式子看出这一点:

$12 = 4 \times 3$　　　　　　$15 = 5 \times 3$　　　　　　$18 = 6 \times 3$

$13 = (2 \times 3) + (1 \times 7)$　　$16 = (3 \times 3) + (1 \times 7)$　　$19 = (4 \times 3) + (1 \times 7)$

$14 = 2 \times 7$　　　　　　$17 = (1 \times 3) + (2 \times 7)$　　$20 = (2 \times 3) + (2 \times 7)$

因此,不可能出现的最高得分是11。

有趣的是，有一条纯数学定理涵盖了这种情况。

给定两个互素数（a 和 b），不可能由它们得到的最高得分就等于它们的乘积减去它们的和，或写成 $(a \times b)-(a+b)$。在本例中就是 $(7 \times 3)-(7+3)=21-10=11$。

4.16

6!(读作"六的阶乘")这个数等于 $6 \times 5 \times 4 \times 3 \times 2 \times 1$ 即 720。$\dfrac{100! - 99! - 98!}{100! + 99! + 98!}$ 的值是多少?

一种常见方法

最明显的方法是写出所有的阶乘表达式,使用一台计算器或计算机,实际计算出结果。这样可以给出答案,但需要经过许多烦琐的运算。

一种示范性解答

让我们采用换一个角度的策略。式中的每个阶乘都可以提取一个公因子98!。因此,我们可以将100!写成 $100 \times 99 \times 98!$,而将99!写成 $99 \times 98!$,按照这种做法,我们得到:

$$\begin{aligned}
\frac{100! - 99! - 98!}{100! + 99! + 98!} &= \frac{98!(100 \times 99 - 99 - 1)}{98!(100 \times 99 + 99 + 1)} \\
&= \frac{100 \times 99 - 99 - 1}{100 \times 99 + 99 + 1} \\
&= \frac{9800}{10\,000} \\
&= \frac{49}{50}
\end{aligned}$$

这就是原来看起来很复杂的那道题目的答案。

4.17

如果我们把450除以一个奇数,得到的商是一个素数,而且没有余数,那么这个奇数是多少?

一种常见方法

将450除以相继的奇数(1,3,5,⋯),直到所得的商是一个素数。这最终会给出结果,但可能花费很长的时间。

一种示范性解答

我们可以利用换一个角度的策略。450这个数可以写成素因数相乘形式 $2 \times 3^2 \times 5^2$。由于 3^2 和 5^2 都是奇数,而450显然是一个偶数,因此450唯一可能的偶素数因数是2。因此,这个奇数是 $3^2 \times 5^2 = 225$。

4.18

1 000 000这个数有许多对整数因数,即乘积为1 000 000的两个数。然而,只有一对这样的因数,其中完全不包含数字0。它们是1 000 000的哪两个因数?

一种常见方法

传统的方法是尝试乘积为1 000 000的不同数对,然后在其中搜索不包含数字0的那些数对。我们可以从$1 \times 1\,000\,000$、$2 \times 500\,000$开始,以此类推。这必然要花费大量时间。毕竟,1 000 000有许多许多对因数需要尝试。

一种示范性解答

让我们换一个角度研究。1 000 000这个数可以表示为10^6。而10^6又可以表示为$(2 \times 5)^6 = 2^6 \times 5^6$。这给我们提供了1 000 000的两个不包含任何零的因数$2^6 = 64$和$5^6 = 15\,625$。你会注意到,1 000 000的其他任何因数都必定至少包含一个0,因为2和5这两个因数组合起来就会产生10的倍数,而这将产生一个以零结尾的数。

第5章 考虑极端情况

为了在解答某道特定题目时获得一些帮助,我们可以对一些变量考虑它们的极端情况,而其他变量保持不变。如果没有规定变量的特殊性,那么极端情况也许正好能为我们提供一些有用的见解。我们大多数人在现实生活中都使用过这种策略,却没有意识到自己正在这么做。对于一种需要我们做出决定的特定情况,我们对自己说:"最坏的情况下会发生什么?"这种"最坏的情况"就是使用极端情况的一个例子,而极端情况有时能以一种非常巧妙的方式帮助解析题目。类似地,假设你要去测试一种新产品,比如洗衣皂。你必须在非常热的水和非常冷的水中进行测试——显然,考虑到这两种极端情况就使得我们的测试值得去做。如果洗衣皂在这两个极端温度下都很合用,那么它在这两个极端温度之间也应该很好用了。

有时,用极端情况来解题可能会违反直觉。例如这样一个问题:要在暴雨中从点 A 到点 B,最好是奔跑呢,还是比较慢地走?当出现这样一个问题时,人们往往会回想起,当汽车在暴雨中快速行驶时,前挡风玻璃都被水淹没了,而缓慢行驶时,挡风玻璃上积聚的水比较少。这意味着在暴雨中应该跑还是不跑?当考虑极端情况时:走得很慢会增加待在暴雨中的时间,或者考虑最慢的速度,比如说零,这样我们就会被淋湿。因此,我们走得越快,淋湿得就越少。在这里,使用极端情况帮助我们解决了问题。

让我们来看一道题目,此时考虑极端情况的策略能有助于这道题的解答。

当地邮局的40个邮箱每天早上都会接收邮件。一天,邮政局长把121封邮件发到这些邮箱里。发完后,他惊讶地发现其中一个邮箱里的信比其他邮箱里都多。这个邮箱里最少可能有多少封信?

由于这道题要求的是最少的邮件数,因此我们可以考虑下面这种极端情况。我们将尽可能均匀地分发邮件,假设每个邮箱里都有相同数量的信件,这是一种极端情况。与此相反的极端情况是,一个邮箱接收了所有的信件。由于 $120 \div 40 = 3$,因此均匀分发信件的情况下,每个邮箱里会有3封信。然后还剩下一封信,因此有一个邮箱会有4封信,这个邮箱里的信件数会是最多的。一个邮箱里最少有4封信时,它仍然可能比其他邮箱里的信件都多。

为了对此解题技术获得更多的练习,我们将考虑另一道题目——这道题具有统计上的倾向:

克拉丽莎写了一组正整数,共5个。她发现它们的众数是12,中位数是14[①]。它们的算术平均数(或平均数)是16。其中有一个数正好比中位数大5。克拉丽莎写的是哪5个数?

让我们使用考虑极端情况的策略。由于众数是12,因此最坏的情况(这个数的出现次数最少)是正好有两个12。我们知道中位数是14。因为有一个数比中位数多5,所以有一个数必定是14+

---

① 众数(mode)是指一组数据中出现次数最多的数;中位数(median)是按顺序排列的一组数据中居于中间位置的数。——译注

5=19。到目前为止,我们知道的数有:

$$12, 12, 14, 19$$

它们的平均数是将这5个数全加起来再除以5得到的。由于平均数是16,因此这5个数的总和必然是$16 \times 5 = 80$。到目前为止,我们已经有$12+12+14+19=57$。缺失的数必定是$80-57=23$。克拉丽莎写的5个数是12, 12, 14, 19, 23。请注意,从确定必须有两个12这一极端情况开始解题是多么关键。

关于使用这种策略,需要提出一句警告。当我们考虑一种极端情况时,必须小心,不要去改变一个还会影响其他变量的变量,也不要影响所讨论的问题的本质。本章展示的这些题目应该有助于确定在哪些情况下可以采用这一策略。

5.1

一辆汽车以55英里/时的恒定速度在高速公路上行驶。汽车司机注意到另一辆车正好在他后面 $\frac{1}{2}$ 英里处。恰好1分钟后,第二辆车超过第一辆车。假设第二辆车的速度是恒定的,那么它的速度是多少?

一种常见方法

传统的解答是设置一系列的"速度×时间=距离"框,许多教科书会指导学生使用这些框来解这类题。具体做法如下:

速度	时间	距离
55	$\frac{1}{60}$	$\frac{55}{60}$
x	$\frac{1}{60}$	$\frac{x}{60}$

$$\frac{55}{60} + \frac{1}{2} = \frac{x}{60}$$
$$55 + 30 = x$$
$$x = 85$$

第二辆车以85英里/时的速度行驶。

一种示范性解答

另一种方法是采用考虑极端情况的策略。我们假设第一辆车开得极其缓慢,即0英里/时。在这种情况下,第二辆车在1分钟内

行驶 $\frac{1}{2}$ 英里,就能赶上第一辆车。因此,第二辆车必须以30英里/时的速度行驶。因此,如果第一辆车以55英里/时的速度行驶,那么第二辆车就必须以85英里/时的速度行驶(当然,这在合法限速内!)。

5.2

给定平行四边形 $ABCD$ 和 $APQR$,点 P 在 BC 边上,点 D 在 RQ 边上,如图 5.1 所示。如果平行四边形 $ABCD$ 的面积是 18,那么平行四边形 $APQR$ 的面积是多少?

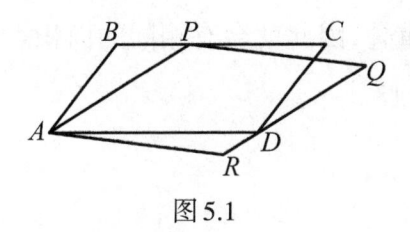

图 5.1

一种常见方法

这道题不容易解答。解这道题,一开始会尝试寻找一些能导致面积相等的全等关系。这种方法不会有什么结果。有一种聪明的方法,尽管还算不上"独辟蹊径",那就是作线段 PD,如图 5.2 所示。

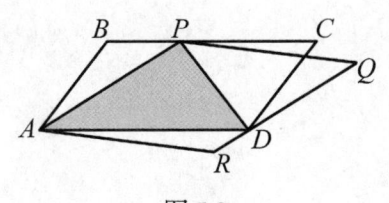

图 5.2

然后请注意,可以证明三角形 APD 是每个平行四边形面积的一半,因为在这两种情况下,它都与平行四边形共用一条底边,并且高也相同。虽然对于一道相当具有挑战性的题目,这是一种相当聪明的方法了,但还有一个更优雅的方法来解这道题。

一种示范性解答

题目只告诉我们,点 P 在 BC 边上,但并没有说是放在 BC 边上的哪里。我们可以考虑一种极端情况。因此,我们可以把点 P 取在点 B 处。类似地,对于要放在 RQ 边上的点 D,也可以很容易地放在点 R 处。这两种情况肯定仍然符合原题的陈述,但此时这两个平行四边形会重叠,因此就会有相同的面积。因此,平行四边形 $APQR$ 的面积也为 18。

5.3

新公路上的1号出口和20号出口之间的总距离是140英里。任何两个出口必须至少相距7英里。两个相邻出口之间的最大距离是多少?

一种常见方法

通常的方法是尝试各种数的组合,以期找到一个最大值。一定有一个更好的办法。

一种示范性解答

让我们使用考虑极端情况的策略。首先,1号出口和20号出口之间有19段"距离"。由于两个出口之间的最小距离必须是7英里,因此假设我们考虑极端情况,也就是说,这些出口间的距离,除了一段之外,所有其他各段都是7英里。那么这18段"车道"的最短总距离为 $18 \times 7 = 126$ 英里。这使得有两个出口,它们之间的最大距离为 $140 - 126 = 14$ 英里,因为如果任何两个出口之间大于14英里,那么就没有足够的英里数允许所有其他出口之间都有7英里的车道了。

5.4

我们有两个容积为1升的瓶子,其中一个装有半升红葡萄酒,另一个装有半升白葡萄酒。我们取一汤匙红葡萄酒,将其倒入白葡萄酒瓶,把两种颜色的葡萄酒充分混合。然后我们取一汤匙这种新的混合物(红葡萄酒和白葡萄酒),将其倒入红葡萄酒瓶中。此时,是白葡萄酒瓶里的红葡萄酒多,还是红葡萄酒瓶里的白葡萄酒多?

一种常见方法

解此题有好几种常见的方法。解题者可能会使用给定的信息,例如用汤匙(这可能是非必要的)来尝试解题,但这些信息可能是无关的。靠着一些运气和小聪明,可能会得出一个正确的解答,但这并不容易,而且往往不能令人信服。

一种示范性解答

我们可以看出,汤匙的大小其实并不重要,因为汤匙有大小之分。假设我们使用一个很大的汤匙,一个非常大以至于实际上可以容纳半升液体的汤匙——这是一种极端考虑。当我们把半升的红葡萄酒倒入白葡萄酒瓶中时,混合物就是50%的红葡萄酒和50%的白葡萄酒。把这两种酒混合在一起之后,我们用这个半升的汤匙,取这种红葡萄酒-白葡萄酒混合物的一半,将其倒回红葡萄酒瓶中。现在两个瓶子里的混合物是一样的。此时,红葡萄酒瓶中的白葡萄酒和白葡萄酒瓶中的红葡萄酒一样多。

5.5

找出 1 2 _ _ _ _ 6 这个7位数中缺少的几位数字,使这个数本身等于三个相继数的乘积。这是哪三个数?

一种常见方法

人们可能会简单地用各种数开始猜测和检验,希望能幸运地猜出这几位数字。这种可能性是极小的,尽管存在着可能性。

一种示范性解答

让我们来采用另一种方法,利用考虑极端情况的策略。最小的可能是 1 200 006,最大的可能是 1 299 996。由于我们寻找的答案是三个相继数的乘积,因此让我们来检查这两个极值的立方根,以确定这三个数的近似大小。

1 200 006 的立方根约为 106,而 1 299 996 的立方根约为 109。这就大大限制了我们的选择范围。此外,给定数的个位数字是6,因此,我们的三个相继数必定要么以 1、2、3 结尾,要么以 6、7、8 结尾,因为它们会产生个位数字为6的乘积。有了这两条线索,我们的数就很容易找到了,它们是 106、107、108。它们的乘积是 1 224 936,题目得解。

5.6

在图 5.3 中，$ABCD$ 是一个长和宽分别为 12 英寸（约 30.48 厘米，1 英寸约为 2.54 厘米）和 8 英寸的矩形。求该矩形的阴影区域的面积。

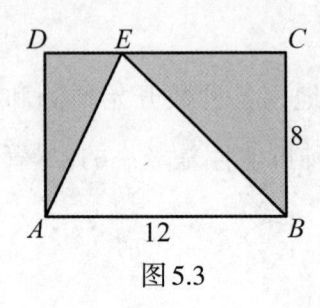

图 5.3

一种常见方法

一种常见的方法是换一个角度看这道题，不是像题目中所要求的那样去求着色区域的面积，而是求出未着色区域的面积，然后用矩形的面积减去这部分面积。未着色三角形的底为 $AB = 12$ 英寸，高为 $BC = 8$ 英寸，因此它的面积是 $\frac{1}{2} \times 12 \times 8 = 48$ 平方英寸。矩形的面积就是 $12 \times 8 = 96$ 平方英寸。因此，阴影区域的面积就是 $96 - 48 = 48$ 平方英寸。

一种示范性解答

另一种使用相同策略的方法如下。由于没有指定点 E 的确切位置，因此我们可以使用考虑极端情况的解题策略，将点 E 放在与点C重合的位置，如图5.4所示。

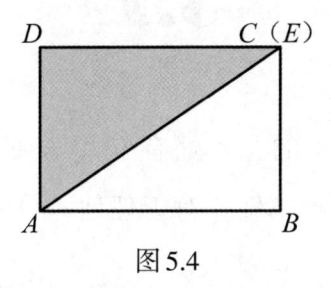

图5.4

现在，由于AC是矩形的一条对角线，因此它把矩形平均分成两半。于是，阴影部分恰好是矩形面积的一半，因而面积为48平方英寸。

应该注意的是，如果用平行四边形代替矩形ABCD，我们也可以使用相同的方法。一开始，这可能会使题目更具挑战性，但也可以用类似的方法解答。

5.7

乔治·华盛顿高中的总务处有50个教师信箱。一天,邮递员给老师们送来了151封邮件。对于任何一位老师确保最多能收到多少封信?

一种常见方法

一位毫无准备的解题者对于这类题目,往往会漫无目的地"摸索",通常不知道从何处入手。有时,猜测和检验程序在这里也许可行,但这可能不会带来一个令人信服的答案。

一种示范性解答

解这类题目的一种可取的方法是考虑极端情况。一位老师当然可以收到所有的邮件,但这不能确保发生。为了最好地评估这种情况,我们将考虑极端情况,即尽可能将邮件均匀分布。这样每位教师都会收到3封邮件,但有一位教师必定会收到第151封邮件。因此,对于任何一位老师确保最多能收到4封邮件。

5.8

点 M 是△ABC 的 AB 边上的中点。P 是 AM 上任意一点(如图 5.5 所示)。通过点 M 的直线与 PC 平行,与 BC 相交于 D。△BDP 的面积占△ABC 面积的几分之几?

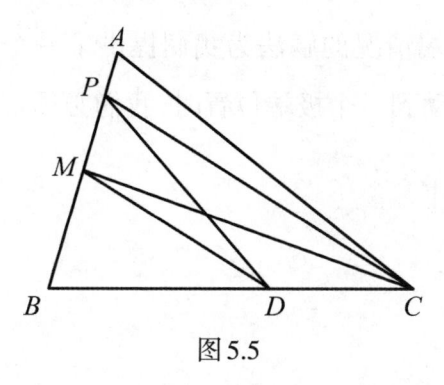

图5.5

一种常见方法

△BMC 的面积是△ABC 面积的一半(因为中线将一个三角形分成面积相等的两部分)。△BMC 的面积 =△BMD 的面积 + △CMD 的面积 =△BMD 的面积 +△MPD 的面积 =△BPD 的面积= $\frac{1}{2}$ △ABC 的面积。这取决于这样一个特性:当两个三角形有一条公共底边,而它们的顶点位于一条平行于该底边的直线上时,它们的面积相等。

一种示范性解答

通过非常仔细地使用考虑极端情况这一策略,可以大大简化这道题目。让我们将点 P 选在一个极端位置,要么在点 M,要么在点 A。假设将 P 放置于点 M。请注意,当 P 沿着 BA 向 A 移动时,我们发现,必须保持与 PC 平行的 MD 所移向的位置,使 D 逐渐接近 BC 的中点。于是 D 的最终位置会使 AD 成为 $\triangle ABC$ 的中线。于是 $\triangle PBD$ 的面积是 $\triangle ABC$ 面积的一半,这是因为三角形的中线将这个三角形分成两个面积相等的三角形。

这种考虑极端情况的解法为我们提供了一个有趣的例子:当我们将一个点移动到一个极端位置时,我们必须观察所有的运动。

5.9

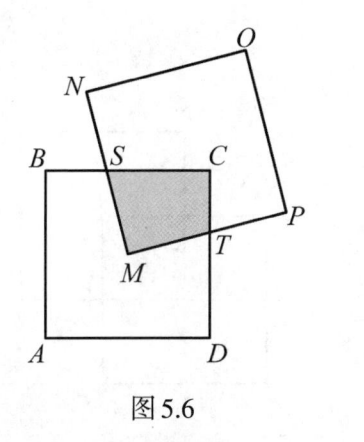

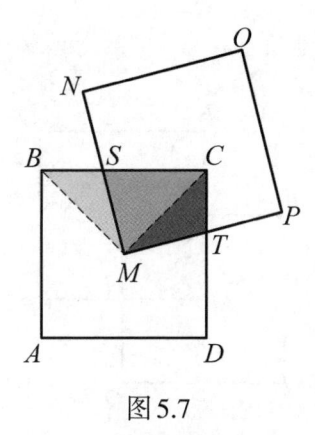

两个全等的正方形,它们边长都是4英寸,其中一个正方形的顶点位于另一个正方形的中心。那么此时重叠部分面积的最小值是多少(图5.6)?

图5.6

图5.7

一种常见方法

最明显的方法是画两个正方形。有些人可能会实际按比例画出这两个正方形,并设法测量其结果。由于观察到的图形是不规则的,因此事实上去测量面积可能会很困难。

另一种常见的方法是添加一些辅助线。这样的一种方法是作线段 BM 和 CM。我们可以很容易地证明 $\triangle BSM$ 和 $\triangle CTM$ 是全等的(ASA)(图5.7)。于是四边形 $SCTM$ 的面积等于三角形 BCM 的面积,这是因为它们就是将三角形 SCM 的面积分别与先前已经证明全等的两个三角形的面积相加。

一种示范性解答

由于题目中没有指定两个正方形的方向,因此我们就可以把它们放在我们想放的任何地方,只要一个正方形的顶点在另一个正方形的中心就行了。让我们来使用我们的考虑极端情况策略。我们可以按照图5.8所示的样子放置这两个正方形,使它们的各边相互垂直。

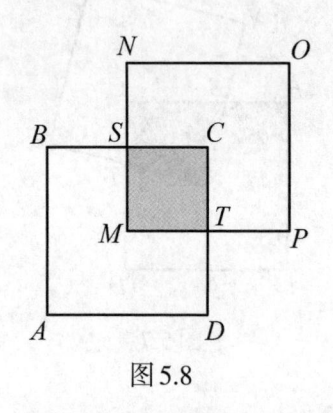

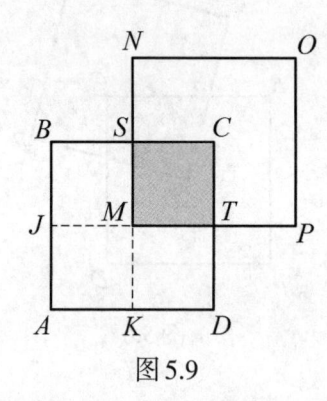

图5.8　　　　　图5.9

如果我们还不能确定阴影区域是原始正方形的四分之一,那么我们只需要将线段 PM 和 NM 分别延伸到与下面那个正方形的两边分别相交于点 J 和点 K,如图5.9所示。

很明显,阴影面积是原来正方形的 $\frac{1}{4}$,即16平方英寸的 $\frac{1}{4}$,也就是4平方英寸。通过把这两个正方形放置成一个特殊的位置,我们就能很容易地得出题目的答案。

5.10

求满足方程 $x^{x^{x^{x^{x^{\cdots}}}}} = 2$ 的 x 的值。

一种常见方法

乍一看,大多数人都会不知所措,不知道该如何解这道题。这不足为奇。

一种示范性解答

我们可以把这道题看作是求某数的极限情况。我们首先注意到在这一系列幂(或者说幂之塔)中有无穷多个 x。由于无穷的性质,去掉其中一个 x 不会对最终结果产生任何影响。因此,去掉第一个 x,我们发现这个 x 之塔中所有剩余的 x 也必须等于2。这样我们就可以把这个方程改写为 $x^2 = 2$。然后得出 $x = \pm\sqrt{2}$。如果我们保持在正数集合中,那么答案就是 $x = \sqrt{2}$。

下面你可以看到连续增加指数是如何越来越接近2的。

$$\sqrt{2} = 1.414\,213\,562\cdots$$
$$\sqrt{2}^{\sqrt{2}} = 1.632\,526\,919\cdots$$
$$\sqrt{2}^{\sqrt{2}^{\sqrt{2}}} = 1.760\,839\,555\cdots$$
$$\sqrt{2}^{\sqrt{2}^{\sqrt{2}^{\sqrt{2}}}} = 1.840\,910\,869\cdots$$
$$\sqrt{2}^{\sqrt{2}^{\sqrt{2}^{\sqrt{2}^{\sqrt{2}}}}} = 1.892\,712\,696\cdots$$

$$\sqrt{2}^{\sqrt{2}^{\sqrt{2}^{\sqrt{2}^{\sqrt{2}^{\sqrt{2}}}}}} = 1.926\,999\,701\cdots$$
……

因此，对于一道看起来非常复杂的题目，我们得到了一个简单到令人惊讶的解法。

5.11

"让我们来做笔交易"是一档长盛不衰的电视游戏节目,这档节目以一种问题情境为其特色。一位随机选择的观众会上台,并向她展示三扇门。其中一扇门后面有一辆汽车,而另两扇门后面各有一头毛驴。要求她选择其中一扇门,如果是有汽车的那扇门,她就能拥有那辆汽车。这里只有一点难处:在参赛者做出她的选择之后,知道汽车在哪扇门后的主持人蒙提·霍尔打开了一扇未被选中的门,门后有一头毛驴(另外两扇门仍然未被打开),并且询问这位观众,她是想要维持自己原来的选择(这项选择尚未开门揭晓),还是想要转换成另一扇未打开的门。这个时候,为了提升悬念,其余的观众会用看起来似乎相等的频率大喊"坚持"或者"转换"。于是问题来了:该怎么办?结果会有所不同吗?如果是这样的话,在此处用哪种策略比较好(也就是具有更大的赢率)?

一种常见方法

有些人可能会凭直觉认为不换是最佳的策略。他们会说,换不换结果没有区别,因为到最后你总是有二分之一的概率得到汽车。不幸的是,他们错了。这会激发起一批好奇的观众(也包括读者)的积极性!

一种示范性解答

最好是一步一步地考虑这道题,然后为了让人信服,我们会考虑一种极端情况来表明其中的关键点。

让我们来一步一步地观察这个过程,而结果会逐渐变得清晰。在三扇门的后面有两头毛驴和一辆汽车。你必须设法得到这辆汽车。假设你选择3号门(如图5.10所示)。蒙提·霍尔打开了你没有选中的两扇门之一,门后有一头毛驴(如图5.11所示)。

图5.10

图5.11

他问道:"你仍然想要你首选的那扇门,还是想要转换成另外那扇关闭着的门?"为了有助于做出决定,请考虑一种极端情况:假设有1000扇门,而不仅仅是三扇门(如图5.12所示)。

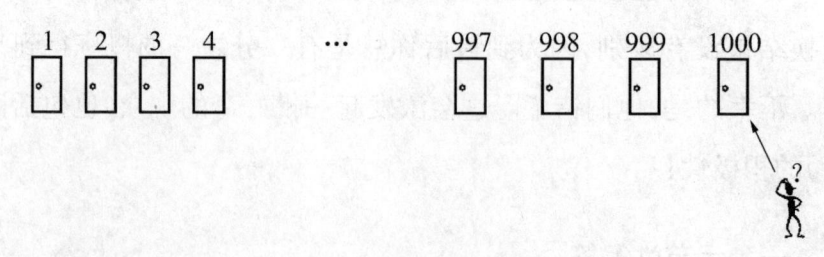

图5.12

你选择第1000号门。你有多大的可能性选对了门?

"非常不可能。"因为选对门的概率是 $\dfrac{1}{1000}$。

这辆汽车在其余这些门(1—999号)中的一扇之后,这种可能性有多大?(如图5.13所示)

"非常可能!"因为概率是 $\dfrac{999}{1000}$。

这些都是"非常可能"的门!

图5.13

现在蒙提·霍尔打开除了一扇门(比如说是1号门)之外的所有门(2—999号门),结果显示每扇门后都有一头驴(如图5.14所示)。

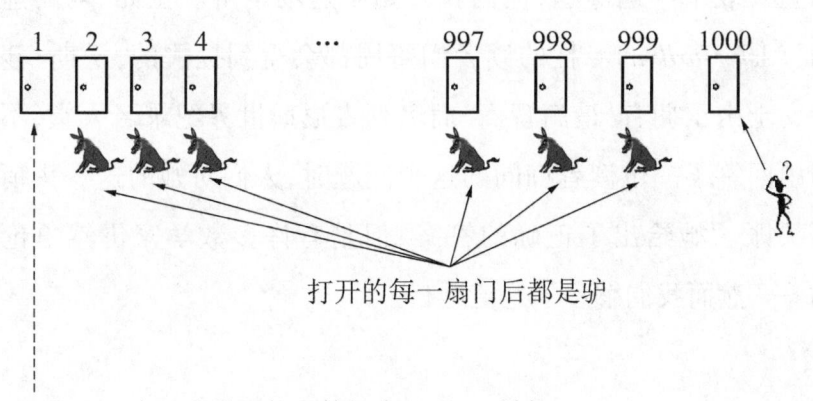

打开的每一扇门后都是驴

还留下一扇"非常可能"的门未打开:1号门。

图5.14

我们现在已准备好回答这个问题了。哪一种是比较好的选择:

· 1000号门("非常不可能"的门)?

- 1号门("非常可能"的门)？

现在答案显而易见了。我们应该选择那扇"非常可能"的门，这就意味着"转换"是这位观众要遵循的较好策略。与我们在原来的题目中试图分析三扇门的情况相比，在这种极端情况下看出最佳策略要容易得多。而其中的原理在这两种情况下是相同的。

这个问题在学术界引起了许多争辩，它还是《纽约时报》(*New York Times*)和其他一些广为发行的出版物上的一个讨论主题。约翰·蒂尔尼(John Tierney)在《纽约时报》(1991年7月21日，星期日)上写道："也许这只是一个错觉，不过在此暂时看来，盛行于数学家、《大观》(*Parade*)杂志的读者们以及'让我们来做笔交易'这个电视游戏节目的爱好者们之中的这一辩论也许终结在望了。从1990年9月玛丽莲·沃斯·莎凡特(Marilyn vos Savant)在《大观》杂志上发表了一道谜题，他们就开始了这场争辩。正如'玛丽莲答问'(*Ask Marilyn*)专栏的读者们每周都会得到提醒的，沃斯·莎凡特女士由于拥有'最高智商'而名列吉尼斯世界纪录名人堂，不过当她回答了一位读者询问的这个问题时，人们对她的这一头衔也不买账。"她给出了正确的答案，但是有许多数学家仍然争论不休——然而我们解答了这道题！

第6章 简化题目

有些题目,在我们第一次解答它们时会显得非常复杂。题目中的数字可能非常大,因此可能会使人迷惑,或者可能使人分心。也许所给的数据量过多,其中一些对于解答给定的题目甚至可能是不需要的。即使题目的呈现方式,有时也会让读者感到困惑。不管原因是什么,一个很好的方法是将这道题目转换成一种比较简单的形式,但转换后的题目与原始题目是等价的。改变数字、修改原始图形或尝试其他方法来简单地改变题目的形式。通过解答这道题的简化形式,解题者可能会对如何处理原始题目产生一些见解。

如果你刚买了一台新电脑,你可能会从比较熟悉的那些功能开始,然后随着你越来越熟悉这台新电脑能做些什么,你再逐渐使用其他功能。

假设我们遇到了下面这道题目:

如果19个相继正整数的和是209,那么该数列中的第10个正整数是多少?

许多人可能会用他们的代数技巧把这19个整数写成x,$(x+1),(x+2),(x+3),\cdots,(x+17),(x+18)$,然后将它们相加。令其结果等于209,然后求解$x$。还有些人可能会意识到第10个整数是中间数,并用$x$来表示它。其余的数则表示为$(x+9),(x+8)$,

$(x+7),\cdots,(x-7),(x-8),(x-9)$。我们现在可以将这些项配对,然后再相加。也就是说,将$(x-9)$和$(x+9)$配对相加得到$2x$,将$(x-8)$和$(x+8)$配对相加再次得到$2x$,以此类推,每次都得到$2x$。这个版本解起来要简单得多了,因为你现在得到了一个简单的方程$9(2x)+x=209$,即$19x=209$,从而$x=11$。

不过,还有一种更有趣的方法。假设我们考虑一个较短的数列,例如$3+4+5+6+7$,它们的和(25)除以5将给出它们的平均数5,正好是位于这个数列中间的那个数。对于上面提出的这道题目中的给定数列,我们发现第10项是中间项,由于这些正整数是相继的,因此这一项就是这个19项数列的算术平均值,或者说平均数。因此,要求出这个平均数,我们只需求和得209,再除以项数19,就得到11。这道题目的这一较简单的版本,使我们能以一种简单得多的形式来看原始题目,从而使原题变得比较容易解答。

在很多情况下,我们不仅需要降低原始题目的复杂性,去解答一个比较简单的版本,而且还可能需要利用我们的另一个策略。例如,求1/500 000 000 000的小数值。

此时我们不能使用计算器来得出答案,因为大多数显示器都无法显示12位数字。让我们使用另外两种策略:组织数据和寻找一种模式。我们将解答我们这道题目的一系列简单的版本,并将结果组织成一张表格。然后我们可以寻找一种模式。

分数	5后面的0的个数	商	小数点与2之间的0的个数
$\frac{1}{5}$	0	0.2	0

(续表)

分数	5后面的0的个数	商	小数点与2之间的0的个数
$\frac{1}{50}$	1	0.02	1
$\frac{1}{500}$	2	0.002	2
$\frac{1}{5000}$	3	0.0002	3
$\frac{1}{50\,000}$	4	0.000 02	4
⋮	⋮	⋮	⋮

这里显然演化出了一种模式。除数中的0的个数与小数点之后2之前的0的个数相同。由于在我们的除数中,5的后面有11个0,因此小数点之后2之前会有11个0,即0.000 000 000 002。

请注意,原始题目的一个或多个较简单版本,再加上我们的其他两种策略,使我们能够轻松地解答给定题目。你应该意识到,使用一种以上的策略来解一道题的情况并不少见。

6.1

篮球队正在参加一场罚球比赛。第一位球员罚球得分 x。第二位球员罚球得分 y。第三位球员的罚球得分与前两位球员的罚球得分的算术平均数相同。比赛中每一位后来的球员的得分都等于在他之前的所有球员的得分的算术平均数。第12位球员的罚球得分是多少?

一种常见方法

有些人可能会试图通过依次求出12位参赛者的算术平均数来解这道题。这需要大量的时间和精力,而且在代数运算中很容易出错。一定会有一种更好的解答。

一种示范性解答

我们将从研究一道较简单的类似题目开始。我们将用两个简单的数来替换 x 和 y,看看会发生什么。假设第一位球员罚球得8分 (x),第二位球员罚球得12分 (y)。第三位球员的得分等于他们的算术平均数,即 $\frac{8+12}{2} = \frac{20}{2} = 10$。第四位球员的得分等于前三位球员的算术平均数,即 $\frac{8+12+10}{3} = \frac{30}{3} = 10$。同样,第五位球员的得分等于前四位球员的得分的算术平均数 $\frac{8+12+10+10}{4} = \frac{40}{4} = 10$。啊哈!在前两位之后的任何球员,其得分将始终是前两位球员的得分的算术平均数。这道题目的正确答案是前两位球员的得分的算术平均数，即$\frac{x+y}{2}$。这道较简单的类似题目使我们能够很快地确定解原始题目的方法。

6.2

一个等边三角形内或各边上的任何一点到三边的距离之和,与其他这样的点到三边的距离之和相同。如果一个等边三角形的边长为4,那么这些距离之和是多少?

一种常见方法

这道题可以用几种方法来解。最容易理解的方法之一是选择等边三角形内的任意一点(这是毫无准备的解题者所预期的),并向各边作三条垂线(如图6.1所示)。

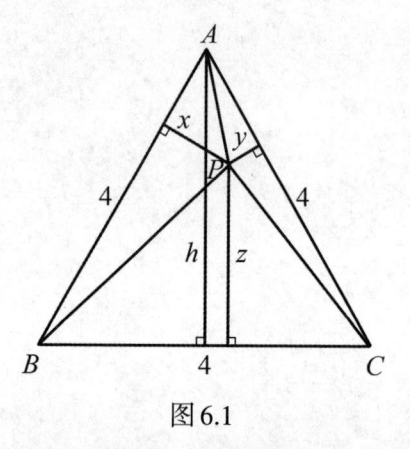

图6.1

△ABC的面积与APB、PBC、CPA这三个三角形面积之和相等,而这三个三角形的高分别为x、y、z,底边为4,于是我们得到

$$\begin{aligned}
\triangle ABC\text{的面积} &= \frac{1}{2} \times 4 \times h \\
&= \frac{1}{2} \times 4 \times x + \frac{1}{2} \times 4 \times y + \frac{1}{2} \times 4 \times z \\
&= \frac{1}{2} \times 4 \times (x + y + z)
\end{aligned}$$

因此 $h = x + y + z$。在本例中，我们求出等边三角形的高是 $2\sqrt{3}$，因此 $x + y + z = 2\sqrt{3}$。

一种示范性解答

在不失一般性的情况下，我们将考虑一道较简单的类似题目，这是因为正如题目所陈述的那样，我们可以将点 P 选在等边三角形内或放置在各边上的任何位置。假设我们把 P 放置在 A 处，那么解答就变得极其简单了。AB 和 AC 的垂线长度均为 0，而 BC 的垂线就是三角形的高，也就是 $2\sqrt{3}$。

请注意，这一解题策略可能也符合我们的考虑极端情况的策略。我们刚才所做的是假设这个点在三角形的顶点位置，而这就是考虑极端情况。这表明策略的选择是可变通的。

6.3

在下列表达式中，m 和 n 都是大于 1 的正整数。下面哪个表达式最大？

(1) $m + n$

(2) $m - n$

(3) $\sqrt{2mn}$

(4) $\dfrac{m^2 + n^2}{m + n}$

(5) $\dfrac{m^4 + n^4}{m^3 + n^3}$

一种常见方法

最明显的方法是实际去做给定的各运算，从而设法看出哪个表达式具有最大值。这种做法既烦琐又乏味，需要大量的代数运算。

一种示范性解答

让我们来解这道题的一个比较简单的版本。我们可以用一些方便的正整数值来代替变量，从而可以解一道较简单的类似题目。假设我们令 $m = 2, n = 4$，那么对于表达式 (1)，我们得到 $2 + 4 = 6$。对于 (2)，我们得到 $2 - 4 = -2$。对于 (3)，我们得到 $\sqrt{16} = 4$。对于 (4)，我们得到 $\dfrac{4 + 16}{2 + 4} = 3.\dot{3}$。对于 (5)，我们得到 $\dfrac{16 + 256}{8 + 64} = 3.\dot{7}$。因此，我们可以得出结论，具有最大值的表达式是 $m + n$。

6.4

已知 $\dfrac{1}{x+5} = 4$,那么 $\dfrac{1}{x+6}$ 的值是多少?

一种常见方法

传统的解答就是求解给定的方程 $\dfrac{1}{x+5} = 4$,求出 x 的值为 $x = -\dfrac{19}{4}$。然后将 x 的此值代入分数表达式 $\dfrac{1}{x+6}$,结果得到 $\dfrac{4}{5}$。当然,这可能涉及一些有点烦琐的代数和算术运算,但肯定是正确的。

一种示范性解答

也许解这道题目的一种更聪明的方法是换个角度来看待它,先来看给定的信息:等式 $\dfrac{1}{x+5} = 4$。如果我们将该等式两边取倒数,得到 $x + 5 = \dfrac{1}{4}$,这样就会容易处理得多。由于我们需要的是 $x + 6$,因此只要在该等式两边都加上 1,就可以得到 $x + 5 + 1 = \dfrac{1}{4} + 1$,即 $x + 6 = \dfrac{5}{4}$。我们再对两边取倒数,得到 $\dfrac{1}{x+6} = \dfrac{4}{5}$,而这就是我们要求的。显然,这可能被认为是一种更优雅的方法。

6.5

给定一个圆及其直径,请说明在不使用直线的情况下,如何将它分成七个面积相等的区域。

一种常见方法

当遇到这样一道题目时,人们会意识到,要使用的工具是一副圆规,于是开始在给定的圆内作一些圆,希望不知怎地就能看出一种模式。这很可能是不会有结果的。

一种示范性解答

我们从给定的圆开始,沿着直径标出一段长度,线段 AB 的长度是直径 AH 的七分之一,如图 6.2 所示。

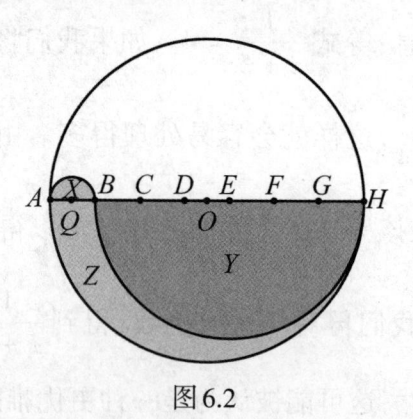

图 6.2

我们可以将颜色较浅区域的面积描述为原始圆的半圆面积加上半圆 X 的面积再减去半圆 Y 的面积。因此我们可以得到以下表达式来表示颜色较浅区域的面积:

$(X+Z)$ 的面积 = $(X+Y+Z)$ 的面积 – (Y) 的面积

由于我们知道圆的面积比就等于它们各自的直径的平方比，而这三个半圆的直径之比是：$(Y+Z):(Y):(X)=7:6:1$，因此它们的面积之比是 $49:36:1$。由此我们可以看出，颜色较浅区域与较大半圆的面积之比是 $(49-36+1):49$，即 $14:49$，或者用分数形式表示，颜色较浅区域是较大半圆面积的 $\frac{14}{49}$。在这种情况下，颜色较浅区域与整个圆的面积之比为 $\frac{1}{2} \times \frac{14}{49} = \frac{7}{49} = \frac{1}{7}$。我们乘 $\frac{1}{2}$ 是因为 $\frac{14}{49}$ 这一比值是对整个圆的 $\frac{1}{2}$ 所得的比值。使用这一策略，我们可以考虑直径为 AC、AD、AE、AF、AG、AH 的半圆，它们一起将圆七等分[①]。

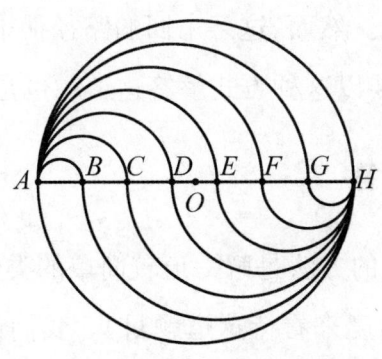

[①] 七等分的结果如下：

——译注

6.6

两列火车,一列从芝加哥开往纽约,另一列从纽约开往芝加哥,它们相距800英里,其中一列以60英里/时的速度匀速行驶,另一列以40英里/时的速度匀速行驶,它们同时开始沿着同一条轨道相向出发。与此同时,一架无人机开始从其中一列火车的前部起飞,以80英里/时的速度飞向迎面开来的火车。这架无人机在触碰到第二列火车的前部后反转方向,朝第一列火车飞去(仍然以80英里/时的速度)。无人机不停地这样来回飞行,直到两列火车相撞,压扁了无人机。这架无人机飞了多少英里?

一种常见方法

这道题目可能会让读者想起在大多数代数教科书中能找到的那种应用题。不过,这里有一个奇怪的迂回,这是在典型的匀速运动题目中找不到的。我们自然地想要去求无人机的各段飞行距离。一个直接的反应是要根据"速率乘时间等于距离"这一熟悉的关系建立一个方程。然而,这条来回的路径很难确定,需要大量的计算。即便如此,要以这种方式解答这道题也是非常困难的。

一种示范性解答

一种比较优雅的方法是解一道较简单的类似题目(也可以说,我们可以换一个角度来看待这道题目)。我们设法求的是无人机的飞行距离。如果我们知道无人机的飞行时间,就可以确定无人机的飞行距离,因为我们已经知道无人机的飞行速度了。

这架无人机的飞行时间很容易就能计算出来,因为它在两列火车的全部行驶时间中一直在飞——直到它们相撞。为了确定火车行驶的时间t,我们如下建立方程。

第一列火车的行驶距离为$60t$,第二列火车的行驶距离为$40t$。这两列火车总共行驶了800英里。因此,$60t+40t=800$,于是$t=8$小时,这也是无人机的飞行时间。我们现在可以求出无人机的飞行距离,即$8\times80=640$英里。确定无人机往返飞行的距离,这看起来是一项极其困难的任务,而现在已简化为对常见的"匀速运动题目"的一个相当简单应用。我们在初等代数课程中遇到过这类题目,而其解答是显而易见的。

6.7

给定一个随机绘制的五角星,如图 6.3 所示,这个五角星各顶点处的锐角之和是多少度?

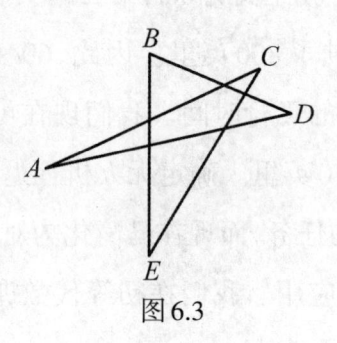

图 6.3

一种常见方法

不幸的是,大多数人为了解答此题会去寻找一个量角器来测量每个角度(希望测量是精确的),然后对它们求和。由此,他们将设法对这个角度和作出一个明智的猜测。

一种示范性解答

我们可以使用解答一道较简单的类似题目的策略。也就是说,由于没有规定这个五角星的形状或规则性,因此我们可以假设它是一个内接在圆中的五角星,如图 6.4 所示。如果我们检查这个五角星的每个锐角,我们会注意到它们都是圆周角,这意味着每个锐角的角度都是它所截取弧的度数的一半。例如,$\angle A = \frac{1}{2}\overset{\frown}{CD}$。当我们观察这个五角星其余四个锐角所截取的各段弧时,我们发现,此时我们得到的这些弧的总和构成了整个圆。这些角的角度之和是构成圆的每段弧的角度之和的一半,因此实质上就等于圆的角度的一半,即180°。

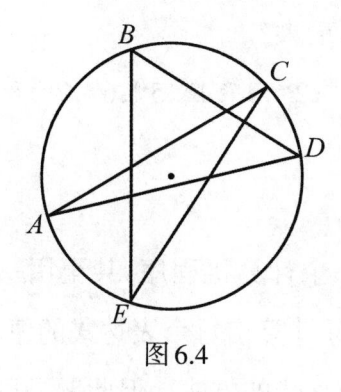

图6.4

6.8

下列哪一项的值最大?

$$1^{48}, 2^{42}, 3^{36}, 4^{30}, 5^{24}, 6^{18}, 7^{12}, 8^{6}$$

一种常见方法

我们可以采用一个计算机程序,甚至用一台可以显示许多数位的计算器,设法实际计算出每个表达式的值。然而,事实将证明这是一种非常漫长和乏味的方法。但此题是可以这样做的。

一种示范性解答

让我们使用解答一道较简单的类似题目的策略。快速查看一下这些给定的数,就会发现每个指数都是6的倍数。如果取每一项的6次根(或者求每一项的 $\frac{1}{6}$ 次幂),那么我们就可以简化这些要作比较的项。也就是说,我们知道,给定的那些原数分别是下列各数的6次幂。因此,以下各项中最大的那个就与我们要比较的原数中最大的一个相关。

$$1^{8}, 2^{7}, 3^{6}, 4^{5}, 5^{4}, 6^{3}, 7^{2}, 8^{1}$$

这些项的值能相对容易地计算出来:

$$2^{7} = 128$$

$$3^{6} = 729$$

$$4^{5} = 1024$$

$$5^4 = 625$$
$$6^3 = 216$$

剩下的那几个数显然更小。因此，原来的8个幂表达式中最大的是4^{30}，即$(4^5)^6$。

6.9

为了增加一瓶16盎司瓶装葡萄酒的量,戴维决定采用以下过程。第一天,他会只喝掉1盎司的酒,然后往瓶子里加满水。第二天,他会喝掉2盎司水和酒的混合物,然后再往瓶子里加满水。到第三天,他会喝掉3盎司水和酒的混合物,然后还是往瓶子里加满水。他将在接下来的几天里继续这个过程,直到第16天,他会把16盎司混合物都喝掉,这样就只剩下空瓶子了。戴维总共会喝掉多少盎司水?

一种常见方法

像这样的题目很容易让人陷入困境。一些读者可能会开始列一张表,显示每天瓶子里的酒和水的量,并试图计算出戴维在任何一天喝掉的每种液体的比例。我们换一个角度,就可以更容易地解答这道题,那就是戴维每天往混合物里加多少水?由于他最终(在第16天)把瓶子喝空了,而瓶子里一开始没有水,因此他一定把倒进瓶子里的水都喝掉了。第一天,戴维加了1盎司水。第二天,他加了2盎司水。第三天,他加了3盎司水。在第15天,他加了15盎司水(请记住,第16天没有加水)。因此,戴维喝掉了$1+2+3+4+5+6+7+8+9+10+11+12+13+14+15 = 120$盎司水。

一种示范性解答

尽管这个解答确实是正确的,但是还可以考虑一道略微更简单些的类似题目,那就是弄清楚戴维总共喝了多少液体,然后只要减去葡萄酒的量(即16盎司)就行了。

因此,1 + 2 + 3 + 4 + 5 + 6 + 7 + 8 + 9 + 10 + 11 + 12 + 13 + 14 + 15 + 16 = 136,而 136 − 16 = 120。

戴维喝了136盎司液体,其中120盎司是水。

第7章 组织数据

组织数据是最重要的策略之一,尽管初看起来,我们可能会想当然地认为它是不言自明的,也就是说,每个人都应该不假思索地、自然而然地组织出现在题目中的数据。这是我们在现实生活中经常无意识做出的事情。

例如,每年春天,当我们开始准备我们的纳税申报表格时,我们会在没有任何人催促的情况下自动组织我们的数据。在填写复杂的税务表格时,我们组织收据、支票、W-2表①等,各有相当不同的方式。

大多数人在去市场之前都会准备一份仔细安排的购物清单。他们可以按类别、在市场中的位置或必要性来组织他们的需求。类似地,在度假旅行时,我们很有可能把我们想看的景色列成一张有条理的清单。在这两种情况下,所列的清单有可能是写下来的,也有可能只是在你脑海中。

当一些主要的民意调查机构收集一次民意调查的数据时,两次或两次以上的民意调查产生不同结果的情况并不罕见,这取决于每个机构如何组织相同的数据。

---

① W-2表即年度工资总结表,是雇主需要在每个报税年结束之后发给每个雇员和美国国家税务局的报税文件。——译注

当人们面对包含大量数据的题目时,他们往往会对题目中数据的呈现方式感到困惑。学会以有意义的、清晰的方式来组织数据会在你解题时起到一种非常重要的作用。让我们来看一道使用这一策略的题目。

一群考古学家正在一处遗址挖掘。以下是他们连续15天每天挖出的陶器件数:

13,45,12,47,8,18,13,27,98,11,23,67,51,14,6。

他们挖出的这些陶器件数的中位数是多少?

如果按照每天找到的陶器件数的顺序来写出这些数,那么要解答这道题几乎是不可能的。不过,让我们以一种更有意义的方式来组织这组数据——从最低到最高:

6,8,11,12,13,13,14,18,23,27,45,47,51,67,98。

现在就很容易找到中间值了。它就是排在中间的那个数,或者说在本例中就是第8个数,也就是18。

让我们考虑另一道组织数据会有价值的题目。

杰克和玛琳各自想加入一个DVD电影俱乐部。他们有两个选择。自由电影俱乐部收取20美元入会费,然后每张DVD收费6.20美元。新面貌俱乐部不收入会费,但每张DVD收费8.10美元。杰克决定加入自由俱乐部,玛琳则加入新面貌俱乐部。他们各自要买多少张DVD,玛琳花的钱才会比杰克多?她比杰克多花多少钱?

为了解答这道题目,我们可以用一张三列的表来组织数据:

DVD 数量	杰克花的钱	玛琳花的钱
0	20.00 美元	0.00 美元
1	26.20 美元	8.10 美元
2	32.40 美元	16.20 美元
3	38.60 美元	24.30 美元
4	44.80 美元	32.40 美元
5	51.00 美元	40.50 美元
6	57.20 美元	48.60 美元
7	63.40 美元	56.70 美元
8	69.60 美元	64.80 美元
9	75.80 美元	72.90 美元
10	82.00 美元	81.00 美元
11	**88.20 美元**	**89.10 美元**
12	94.40 美元	97.20 美元

当他们各自买第11张DVD时，玛琳花的钱会超过杰克。玛琳比杰克多花89.10 – 88.20美元，或者说90美分。通过检查表中的这些经过组织的数据，该题所问的两个问题的答案都很容易得到。

下面是一道只有通过仔细组织数据才能解答的几何题目。

一个三角形的各边长都是正整数，周长为12。这个三角形的三边长分别是多少？

让我们来准备一张有条理的数据清单，用 a、b、c 表示三角形的各边长度。我们将从 $a=1$ 开始，列出 $a=1$ 的所有可能性。然后我们将继续列出 $a=2$ 的所有可能性，以此类推。

a	b	c
1	1	10
1	2	9
1	3	8
1	4	7
1	5	6
2	2	8
2	3	7
2	4	6
2	5	5
3	3	6
3	4	5
4	4	4

这张清单包含了所有和等于12的三元组。但是,请记住,在三角形中,任何两边之和必须总是大于第三边,否则这个三角形就不存在。这样就排除了其中的大多数选择,仅有的三种可能是2-5-5、4-4-4和3-4-5。列出一个经过组织的清单会使解题变得容易。

在本章中,我们将展示一些题目,通过以某种有意义的方式组织数据,可以最高效地解答这些题目。虽然其中有些题目也可以用其他方法解答,但我们提供这些方法,只是为了展示这种看似非正统的解法的优点。

7.1

篮球赛的两个半场之间有一场罚球比赛。决赛的两位选手是罗比(Robbie,简称R)和桑迪(Sandy,简称S)。第一位连续命中两球或总共命中三球的人将获胜。在多少种不同的情况下可以产生获胜者?

一种常见方法

大多数人一开始都会试图找到会导致获胜的所有可能组合。但是,我们怎么知道是否已经把它们全部列出来了呢?听起来这是一项非常烦琐的任务。

一种示范性解答

让我们使用组织数据这一策略,列出一张详尽无遗的清单,这张清单展示了产生获胜者的所有可能出现的情况。清单左栏显示了罗比罚第一个球后的各种情况;清单右栏显示了桑迪罚第一个球后的各种情况。其中,RR 表示罗比连中两球,RSS 表示罗比投中一球后,桑迪连中两球,以此类推。

RR	SS
RSS	SRR
RSRR	SRSS
RSRSR	SRSRS
RSRSS	SRSRR

这场罚球比赛有10种可能的结束方式。这张详尽的清单以清晰有序的方式列出了所有可能的情况。

7.2

图 7.1 中有多少个三角形?

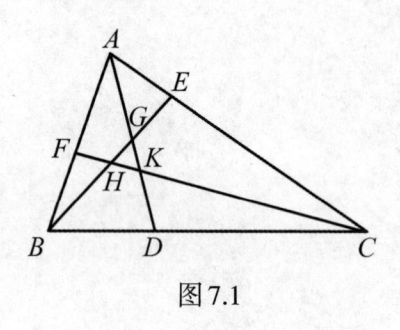

图 7.1

一种常见方法

通常情况下,人们会以某种有序的方式开始数各种三角形,但不会有特定的系统安排。这常常会导致混乱,以及不能确定是否所有的三角形都被数过了。然后还有传统方法,或者涉及形式化计数法的方法。这些方法需要计算六条直线可以构成的所有组合,然后排除那些会三线共点的组合。因此,在六条直线中每次取三条直线的组合数是 $C_6^3 = 20$。我们从其中减去三个三线共点的组合(在三个顶点处)。因此,图中有 17 个三角形。

一种示范性解答

让我们试着重建这个图形,逐条添加直线,并从经过组织的数据的这一形式开始计数,以此来简化这道题目。也就是说,数出图形每增加一部分而产生的三角形的个数。我们可以从原来的三角

形 ABC 开始，如图 7.2 所示。

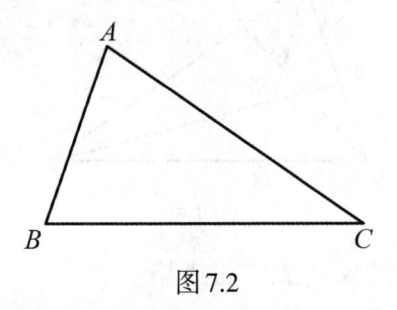

图 7.2

现在我们将考虑三角形 ABC 内部有一根线段 AD。我们现在有了两个新的三角形，△ABD 和 △ADC，如图 7.3 所示。

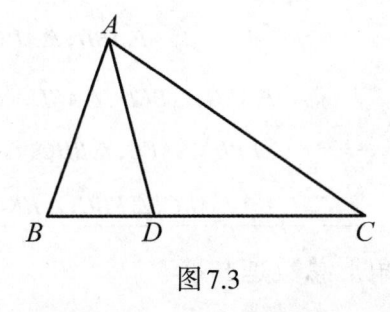

图 7.3

现在我们可以再加上另一条内部线段 BE，并计算以 BE 为一边的所有三角形个数，如图 7.4 所示。

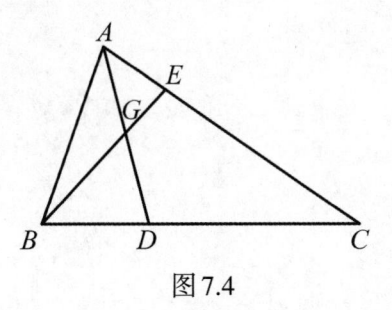

图 7.4

我们以这种方式继续下去，现在加上线段 CF。我们会再次计算以 CF 的一部分为一边的三角形个数，如图 7.5 所示。

图 7.5

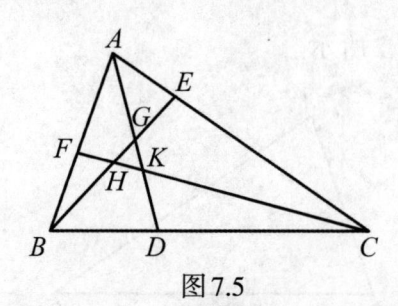

让我们把这些结果列成一张表格。

图	增加的线段	构成的新三角形
7.2	0	△ABC
7.3	AD	△ABD，△ADC
7.4	BGE	△ABG，△BGD，△AGE，△BEC，△ABE
7.5	CKHF	△FBH，△AFC，△BHC，△AFK，△KDC，△AKC，△FBC，△HKG，△EHC

以上列出的三角形总数是17个。

7.3

给定以下数列：$10^{\frac{1}{11}}, 10^{\frac{2}{11}}, 10^{\frac{3}{11}}, 10^{\frac{4}{11}}, \ldots, 10^{\frac{n}{11}}$，试求使这个数列的前 n 项乘积大于 100 000 的最小正整数 n。

一种常见方法

人们很可能采用的是试错法：在这一数列中每次增加一个相继的成员，如此不断增加新成员并将它们相乘，直到最终超过 100 000 这个数。这显然是一项费力的任务，也绝对不是一种优雅的解答。

一种示范性解答

我们首先来求出给定数列的前 n 项的乘积，这种做法以某种方式把这些数据组织成了一种易于处理的形式：

$$10^{\frac{1}{11}} \times 10^{\frac{2}{11}} \times 10^{\frac{3}{11}} \times 10^{\frac{4}{11}} \times \ldots \times 10^{\frac{n}{11}} = 10^{\frac{(1+2+3+4+\cdots+n)}{11}} = 10^{\frac{n(n+1)}{22}}。$$

我们意识到，"超过 100 000" 就意味着我们必须超过 10^5，只有当 $\frac{n(n+1)}{22} > 5$，或 $n(n+1) > 110$ 时，才会发生这种情况。当 $n \leq 10$ 时，我们有 $n(n+1) \leq 110$。因此，要满足我们的要求，n 所能取的最小整数是 11。

7.4

杰罗姆刚刚开了一家皮划艇专营店,店里的每艘皮划艇都会有一个三位数识别号。该识别号的第一位数字都是1。任何一艘皮划艇上的各位数字都不能重复,三位数字必须按升序排列,且不使用零。皮划艇总数恰好等于所有符合要求的可能组合总数。杰罗姆一共拥有多少艘皮划艇?

一种常见方法

最常见的方法是写出满足给定条件的所有可能的3位数。但我们怎么知道什么时候写全了呢?显然这方法并不高效!

一种示范性解答

让我们仔细地列出一张表格来组织我们的数据:

第一位数字	第二位数字	第三位数字	可选数字的个数
1	2	(3到9)	7
1	3	(4到9)	6
1	4	(5到9)	5
1	5	(6到9)	4
1	6	(7到9)	3
1	7	(8到9)	2
1	8	(9)	1

他总共拥有 7+6+5+4+3+2+1=28 艘皮划艇。

7.5

一位农夫正在把一箱箱苹果从他的农场运到市场上。他有6箱苹果(分别用A、B、C、D、E、F表示)。但是,称重站的磅秤每次只能称重5箱。我们得到了6次单独称重的结果:

$$B+C+D+E+F=200,$$
$$A+C+D+E+F=220,$$
$$A+B+D+E+F=240,$$
$$A+B+C+E+F=260,$$
$$A+B+C+D+F=280,$$
$$A+B+C+D+E=300。$$

这6个箱子里各有多少磅苹果?

一种常见方法

这道题目可以用代数方法来解答,即建立如下所示的六元一次方程组:

$$B+C+D+E+F=200,$$
$$A+C+D+E+F=220,$$
$$A+B+D+E+F=240,$$
$$A+B+C+E+F=260,$$
$$A+B+C+D+F=280,$$
$$A+B+C+D+E=300。$$

求解这6个联立方程需要大量的计算,因此一定有更好的方法来解这道题。

一种示范性解答

我们可以利用我们的组织数据策略,使解答相对简单,从而优雅。我们首先将题目中的数据组织成如下表格:

序号	A箱	B箱	C箱	D箱	E箱	F箱	总重量/磅
1	–	B	C	D	E	F	200
2	A	–	C	D	E	F	220
3	A	B	–	D	E	F	240
4	A	B	C	–	E	F	260
5	A	B	C	D	–	F	280
6	A	B	C	D	E	–	300

当我们观察这组看似无法处理的方程时,可以换一个角度来思考:将这些数据按列组织起来,对各列求和:

$$5A+5B+5C+5D+5E+5F=1500。$$

当我们把这个等式的两边除以5时,就得到 $A+B+C+D+E+F=300$。

但是表中的第6行的总重量显示 $A+B+C+D+E=300$ 磅。因此,F 箱的重量必定为0磅。然后我们注意到第5次称重表明 $A+B+C+D+F=280$ 磅,但由于 $F=0$,因此我们可以得出 $A+B+C+D=280$ 磅的结论。

回想一下,第6次称重告诉我们 $A+B+C+D+E=300$ 磅。如果将最后两个等式相减,我们就会求出 $E=20$ 磅。

再回想一下,第4次称重给我们的结果是:$A+B+C+E+F=260$,将之前确定的F和E的值代入,我们就得到$A+B+C+20+0=260$,或$A+B+C=240$。将这个$A+B+C$的值代入第5次称重的结果,我们就得到$D=40$。

我们将第4次称重的等式减去第3次称重的等式,并且我们知道$F=0$,于是就得到:

$$A+B+D+E+F=240$$
$$\underline{A+B+C+E+F=260}$$
$$C-D=20$$

由于$D=40$,因此我们得到$C=60$。

利用第1次称重的结果可得:$B+C+D+E+F=200=B+60+40+20+0$,因此$B=80$。

类似地,利用第2次称重的结果,我们得到$A=100$。

将数据组织成一张表格,使数据变得易于处理,这样我们就能合乎逻辑地解答题目。

7.6

考虑各位数字都是奇数的三位数。所有这样的三位数之和是多少？

一种常见解法

通常,当人们面对这样的题目时,会倾向于以某种有序的方式列出许多这样的奇数,然后开始做这个乏味的加法。

一种示范性解答

一种聪明的解答的关键是将这些数组织成某种易于处理的形式。我们看一下这张清单,如果以一种十分有序的方式写出来,那么我们的清单可以如下所示：$111+113+115+117+119+131+133+135+137+139+\cdots+511+513+515+517+519+\cdots+991+993+995+997+999$。由于在这些数位上,都可以出现5个数字,因此有$5\times5\times5=125$个可能的数。如果我们以经过组织的方式来处理这些数,就会发现可以把它们成对地加起来：第一个和最后一个相加,第二个和倒数第二个相加,以此类推。每一对数的和都是1110。在这张清单中共有$\frac{125}{2}$对。因此,这些数的和就是$\frac{125}{2}\times 1110 = 69\,375$。

用另一种方法组织这些数据也可以得到一个相对优雅的解答。我们已经确定有125个这样的正整数需要相加,其中的每个数都是一个三位数,因此总共有375个数字需要考虑。显然,1、3、5、7、9这五个奇数中的每一个都会出现75次,也就是说,在百位、十位和个位上各出现25次。于是我们就可以用以下表达式来计算我们要求的结果:

$$25\times[100\times(1+3+5+7+9)+10\times(1+3+5+7+9)+1\times(1+3+5+7+9)]$$
$$=25\times25\times(100+10+1)=69\,375$$

在上述每种情况下,组织数据都使题目的解答明显比仅仅使用"蛮力"解题更加优雅。

7.7

假设我们在一个平面上作了 11 条直线,其中恰好有三条直线通过点 P,恰好有三条直线通过点 Q。在所有这 11 条直线中,没有其他三条直线共点。在这些条件下,这 11 条直线最少有多少个交点?

一种常见方法

解这道题最常见的方法是用试错法,但 11 条直线可能会让人有点晕头转向。因此,必定有一种解这道题的更高效的方法。

一种示范性解答

为了最高效地解这道题,我们必须以一种符合逻辑的方式去组织这些直线。我们首先作相交于点 P 处的三条直线,如图 7.6 所示。

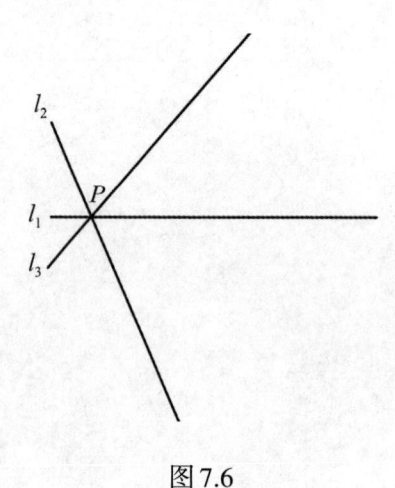

图 7.6

我们现在用点 Q 重复这一过程,如图 7.7 所示,作直线 l_4、l_5,使 $l_4 /\!/ l_3$ 和 $l_5 /\!/ l_2$[①]。

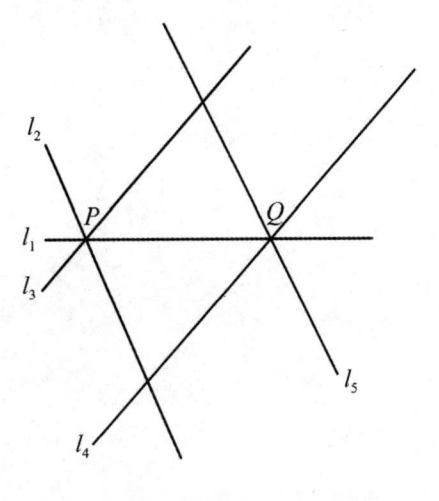

图 7.7

然后我们插入其余 6 条直线,使它们都平行于 l_3。我们在图 7.8 中展示了这种情况。这些直线中的每一条都新增 3 个交点。

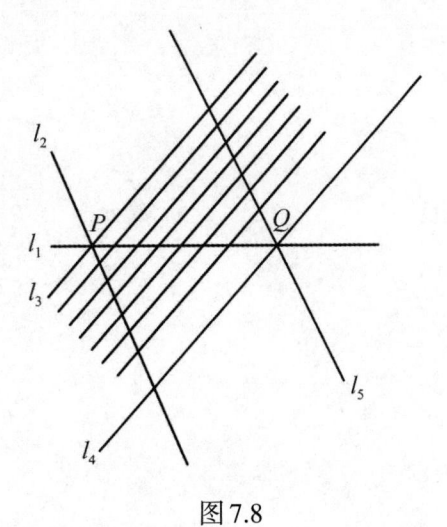

图 7.8

---

① 作平行线的目的是减少直线之间的交点,以符合题目要求的"最少有多少个交点"。——译注

因此，以一种有意义的方式组织我们给定的数据之后，我们现在发现交点的个数为 $6 \times 3 + 4 = 22$。

7.8

打印从1到1 000 000的所有正整数,在这些数所构成的这张清单中,数字8会被打印多少次?

一种常见方法

对于这道看起来十分复杂的题目,人们典型的反应是先列出所有这些数,而不去寻找任何形式的系统性。要这样得出答案,可能要依靠意外发现一些好的条理性。

一种示范性解答

这里的最佳策略可能是使用以下方式组织我们的数据,以便我们可以确定这张清单中是否存在任何前后一致性。

$$
\begin{array}{c}
000\ 001 \\
000\ 002 \\
000\ 003 \\
000\ 004 \\
000\ 005 \\
\vdots \\
999\ 996 \\
999\ 997 \\
999\ 998 \\
999\ 999 \\
000\ 000
\end{array}
$$

上面列出了600万个数字,数字0,1,2,3,4,…,8,9使用的次数相同。我们可以看出这一点,是因为从这十个数字中的每一个,能够找出它们各自的出现"模式"。因此，数字8占总量的$\frac{1}{10}$，即60万次。

7.9

一位钟表匠有两个钟,它们恰好在同一时间敲响午夜12点。不过,其中一个钟每小时走快1分钟,而另一个钟每小时走慢1分钟。如果它们以这样的快慢继续下去,到什么时间会显示相同的时间?

一种常见方法

典型的一个直接方法是尝试写出一个方程。如果我们用x代表这两个钟读数再次相同之前经过的时间,那么我们就得到$12 + x = 12 - x$。求解该式得到$2x = 0$,即$x = 0$。没有多少帮助。

一种示范性解答

每经过一天24小时,A钟会走快24分钟,而B钟会走慢24分钟。因此,5天后,A钟会走快$5 \times 24 = 120$分钟,即2小时。同时,B钟每5天会走慢120分钟,即2小时。让我们使用我们的组织数据策略,用下表来按钟点记录时间。

项目	1天	2天	5天	10天	15天
时间	$1 \times 24 = 24$ 分钟	$2 \times 24 = 48$ 分钟	$5 \times 24 = 2$ 小时	$10 \times 24 = 4$ 小时	$15 \times 24 = 6$ 小时
走快的钟	凌晨00:24	凌晨00:48	凌晨2:00	凌晨4:00	凌晨6:00
走慢的钟	晚上11:36	晚上11:12	晚上10:00	晚上8:00	下午6:00

如表中所示,两个钟都会在第15天结束时显示6:00。当然,

一个钟显示的是凌晨6:00,而另一个钟显示的是下午6:00。不过,它们都显示6:00,这就是题目所要求的。

7.10

有多少个3位数的奇正整数,其3位数字的乘积是252?

一种常见方法

最常用的方法是将252分解为一些三元因数,即所有乘积为252的三元组。我们应该按照一种有序的方式来做这件事,首先是1,1,252,然后是1,2,126,然后是1,3,84,然后是1,4,63,以此类推。我们将以这种方式继续下去,直到我们找到至少一组因数,它们能构成一个3位奇数。然而,很可能有不止一组这样的因数。我们怎么知道什么时候都找全了?这种"蛮力"方法真的不是很高效。

一种示范性解答

让我们使用组织数据的策略来处理这道题目。我们可以把252因式分解为$2×2×3×3×7$。如果其中一位数字是7,那么其他两位数字的乘积必定是36,它们是4和9,或者6和6。我们已把这些因数的所有可能组合都考虑进去了,因为这些因数的任何其他组合会产生不止一位的数。把这些数字和7结合起来,我们发现有5个数符合要求。它们是749,479,947,497,667。所有这些数都是3位数的奇数,它们的各位数字的乘积都是题目要求的252。

7.11

下列各项中,哪一项的值最大,哪一项的值第二大?

$$\sqrt{2},\sqrt[3]{3},\sqrt[8]{8},\sqrt[9]{9}$$

一种常见方法

在当今世界里,人们会立即用计算器来确定这道题目的答案。不过,对于许多计算器来说,这也许并不是那么容易的,因为它们不能进行求根运算。

一种示范性解答

首先,可能更容易做到的是将这四项中的每一项都写成分数指数,如下所示:

$$2^{\frac{1}{2}}, 3^{\frac{1}{3}}, 8^{\frac{1}{8}}, 9^{\frac{1}{9}}$$

这里最有效的解题策略,是以某种方式组织数据,从而使我们可以更容易地通过相似指数来比较这些表达式。

由于 $\left(2^{\frac{1}{2}}\right)^8 = 2^4 = 16$,而 $\left(8^{\frac{1}{8}}\right)^8 = 8$,因此我们有 $\left(2^{\frac{1}{2}}\right)^8 > \left(8^{\frac{1}{8}}\right)^8$,即 $2^{\frac{1}{2}} > 8^{\frac{1}{8}}$。由于 $\left(2^{\frac{1}{2}}\right)^{18} = 2^9 = 512$,而 $\left(9^{\frac{1}{9}}\right)^{18} = 9^2 = 81$,因此我们有 $\left(2^{\frac{1}{2}}\right)^{18} > \left(9^{\frac{1}{9}}\right)^{18}$,即 $2^{\frac{1}{2}} > 9^{\frac{1}{9}}$。由于 $\left(3^{\frac{1}{3}}\right)^6 = 3^2 = 9$,而 $\left(2^{\frac{1}{2}}\right)^6 = 2^3 = 8$,因此我们有 $\left(3^{\frac{1}{3}}\right)^6 > \left(2^{\frac{1}{2}}\right)^6$,即 $3^{\frac{1}{3}} > 2^{\frac{1}{2}}$。由于 $3^{\frac{1}{3}} > 2^{\frac{1}{2}}$,而 $2^{\frac{1}{2}}$ 比 $8^{\frac{1}{8}}$ 和 $9^{\frac{1}{9}}$ 都大,于是我们可以进一步得出结论:这四项中最大的是 $\sqrt[3]{3}$,第二大的是 $\sqrt{2}$。

7.12

班级要出去郊游。有5个孩子想去,但只有3个名额。这5个孩子是阿曼达(Amanda)、比尔(Bill)、卡罗尔(Carol)、丹(Dan)和埃文(Evan)。他们的老师把5张纸条放在帽子里,每张纸条上写着他们其中一人的名字,然后随机抽出3张。阿曼达、比尔和卡罗尔被抽中去郊游的概率有多大?

一种常见方法

首先,让我们找出从5人中抽出3人有多少种不同的方式。顺序无关紧要,所以这是一个组合问题。5张纸条,每次抽3张:

$$C_5^3 = \frac{5 \times 4 \times 3}{1 \times 2 \times 3} = 10$$

由于其中只有一种方式会抽中阿曼达、比尔和卡罗尔,因此答案是 $\frac{1}{10}$。

一种示范性解答

如果你不记得如何计算组合,那么也可以使用我们的组织数据策略。我们将列出在不考虑顺序的情况下抽出3个名字的所有可能方式(取每人名字的首字母为编码):

ABC BCD CDE

ABD BCE

ABE BDE

ACD

ACE

ADE

抽出3个人的可能方式有10种。其中只有一种,即ABC,满足给定的条件。因此,正确的答案是十选一,即 $\frac{1}{10}$。

第8章 作图或可视化表示

当有一道题目问的是关于一个特定几何图形的问题或一个作图的问题时,不用说,作图或可视化表示必定是解答方法的一个组成部分。这是必不可少的,有助于解题。从这个意义上说,很难想象古代的一些数学家常常在没有作图的情况下导出一些几何概念——或者至少他们在没有给出适当草图的情况下展示他们的几何发现。不过,在许多题目的陈述中并没有包含图形,但确定地"看见"正在考虑的东西会对解题有很大的帮助。许多人是视觉学习者,他们需要一幅图而不仅仅是文字来理解正在发生的事情。不,与一些人所相信的相反,可视化与白日梦无关。白日做梦通常是浪费时间,但可视化是一种非常强大的方法,可以帮助你对一种给定的情况更为熟悉。

例如,当你在指引去某人家里的路时,画一张指向图会提供很大的帮助。画一张草图有助于"充实巩固"行路指引。在杂志或日报上,图表或其他可视化工具被一再用来比较和/或对比各种情况而加以描述。当你买了某样东西,并且必须自己组装时,在制造商提供的说明书上通常不仅有文字说明,还配有图片。在大多数体育运动中,特别是在足球和篮球运动中,教练通常会使用简图或图画,附有记号 X 和 O 来向他的队员解释特定的比赛策略。这些都是在没有明确要求的情况下,日常使用作图策略的例子。毕竟,人们常说"一图抵千言"。

让我们来看一道数学题目,你可能一开始不会预料到解这道题目会用到可视化表示。

亚当斯先生的代数期末考试卷宗里有两张测试卷,他想将这两次测试卷用于两个不同的代数班级。每张测试卷都有26个不同的问题。他把第一张测试卷的前4个问题加到第二张测试卷的最后,然后把第二次测试卷的前4个问题加到第一张测试卷的最后,现在每张测试卷都有30个问题。这两张测试卷有多少问题是相同的?

我们可以画一幅图,或者用可视化表示来呈现这些情况,包括加题之前和之后:

之前	测试卷1:	A	B	C	D	E	…	W	X	Y	Z				
	测试卷2:	1	2	3	4	5	…	23	24	25	26				
之后	测试卷1:	A	B	C	D	E	…	W	X	Y	Z	1	2	3	4
	测试卷2:	1	2	3	4	5	…	23	24	25	26	A	B	C	D

现在两张测试卷包含了8个共同的问题,即1、2、3、4和A、B、C、D。虽然这道题不需要具体的可视化表示,而且很显然可以用其他方法解答,但作图使我们能够"看见"正在发生的事情,它使解题变得相对容易。请记住,当我们谈到可视化表示时,它不一定是一幅真正的"图"。

下面是另一道题目,其中可视化表示能帮助我们看到正在发生的事情。

一个等边三角形的每边长40厘米。把每边的中点连接起来，构成了第2个等边三角形。把第2个三角形的各边中点连接起来，构成了第3个等边三角形。我们继续连接各相继三角形的各边中点，直到构成5个等边三角形。那么第5个三角形的周长是多少？

应该很明显的是，即使一道几何题目很容易用语言表达，但在提出这道题时，对所描述的情况作一张图，就算不完全是必要的，也会有用！我们需要看见实际描述的是什么（图8.1）。

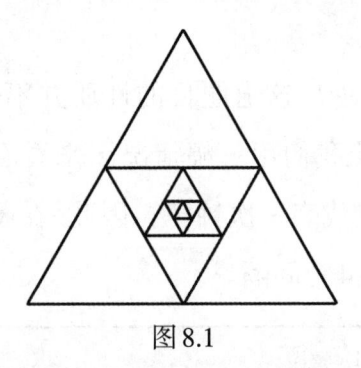

图8.1

这幅图应该提醒我们想起这样一个概念：一条连接三角形两边中点的线段等于三角形第三边长度的一半，并与之平行。因此，我们的任何一个三角形的每一边都是前一个三角形的对应边长度的$\frac{1}{2}$。每个相继三角形的周长是前一个三角形周长的一半。清楚起见，我们将列出一张表格来表明这个过程。

三角形编号	边长/厘米	周长/厘米
1	40	120
2	20	60
3	10	30
4	5	15
5	2.5	7.5

第5个三角形的周长是7.5厘米。我们作出的图帮助我们把情况变得可视化,并解答了题目。即使这道题目不作图也能解答,但看见这幅图使我们更容易得到解答。

在所提出的题目中没有直接要求作图的情况下,为了进一步展示作图策略的价值,我们将考虑下面这道题目:

5点时,一个钟在5秒内敲响了5下。同一个钟以同样的快慢在10点时敲响10下需要多长时间(假设钟声本身不需要时间)?

答案"不是"10秒!这道题目的性质并不会使我们认为应该作一幅图。不过,让我们用一幅情况图来看看究竟在发生什么。在这幅图中,每个点代表一次钟声。因此,在图8.2中,总时间为5秒,这些钟声之间有4个间隔。

① ② ③ ④ ⑤

图8.2

因此,每个间隔必定持续$\frac{5}{4}$秒。现在让我们来看第二种情况,如图8.3所示。

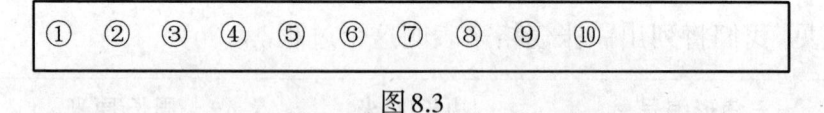

① ② ③ ④ ⑤ ⑥ ⑦ ⑧ ⑨ ⑩

图8.3

在这里,我们可以从图中看出,10次钟声需要9个间隔。由于每一个间隔持续$\frac{5}{4}$秒,所以在10点时整个钟声持续时间会是$9 \times \frac{5}{4}$秒,即$11\frac{1}{4}$秒。

这幅图使解题变得相当简单,否则可能会引起一些困惑。

在题目中没有作图要求时,这种作图或绘制图表的策略,不仅是一个有用的解题功能,而且在某些情况下会直接导出解答——特别是那些简单的题目,当使用可视化表示时,这些题目的解答可能会变得显而易见的。

8.1

在施特劳斯先生的教室里,有25个座位排成5排,每排有5个座位,形成一个方阵。施特劳斯先生决定根据以下"规则"改变所有人的座位:"每个学生必须立即要么移到他或她左边相邻或右边相邻的座位上,要么移到他们前面相邻或后面相邻的座位上。"这可以如何做到?

一种常见方法

解答这道题最常用的方法是用25个标记物代表这些座位,然后根据施特劳斯的规则移动它们。这种方法很笨拙,很难记录移动过程,很可能得不到正确的答案。

一种示范性解答

与其设法四处移动标记物,不如让我们画出座位安排的图形或可视化表示。我们将教室里的25个座位画成一个国际象棋棋盘的形式,如图8.4所示。

图8.4

如果学生们按照施特劳斯先生定下的规则换座位,那么每个学生都必须从一个黑色格子换到一个白色格子,反之亦然。但是,黑色格子有13个,而白色格子只有12个。因此,学生不可能按照施特劳斯先生的规则完成换位。

8.2

切开并焊接一个链环要花1美元。一位女士有7个单独的链环,她想做成一根链条。做这件事的最低成本是多少?

一种常见方法

最显而易见的方法是切开6个链环,把它们连起来,然后再把它们的缺口焊上。这样要花费6美元。一定有别的办法来降低费用。

一种示范性解答

我们可以使用我们的作图(可视化表示)策略。

切开链环2,然后将链环1、2、3相连,如图8.5所示。

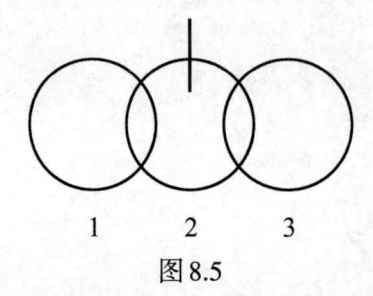

图 8.5

切开链环5,然后将链环4、5、6相连,如图8.6所示。

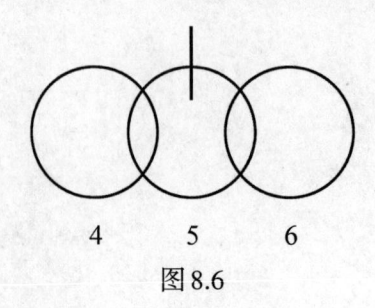

图 8.6

最后，切开链环7，然后用链环7将链条1-2-3和链条4-5-6相连，如图8.7所示。

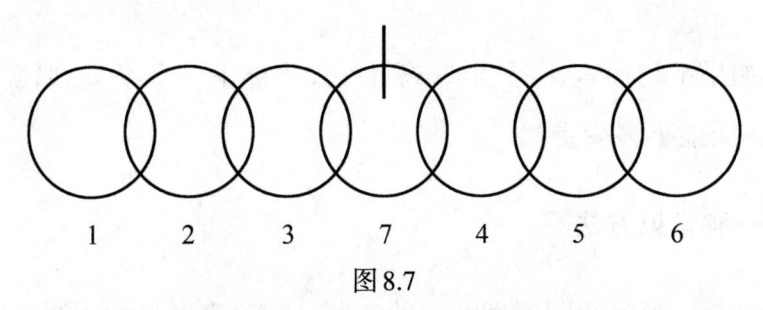

```
   ○○○○○○○
   1  2  3  7  4  5  6
```

图8.7

由于我们只需要切开三个链环就能制成这根链条，因此制作这根链条的费用就是3美元。

8.3

如果平均而言,一只半母鸡每一天半能下一个半蛋,那么6只母鸡8天能下多少蛋?

一种常见方法

这是一道经得起时间考验的老题目。这道题目的传统解答方法如下。由于 $\frac{3}{2}$ 只母鸡用了 $\frac{3}{2}$ 天下了 $\frac{3}{2}$ 个蛋,因此我们可以说,下 $\frac{3}{2}$ 个蛋要花费 $\frac{3}{2} \times \frac{3}{2} = \frac{9}{4}$(只·天)。用同样的方式来表示,6只母鸡8天要花费 $6 \times 8 = 48$(只·天)。我们由此形成以下比例关系:

设 x 为6只母鸡8天的产蛋量。那么:

$$\frac{\frac{9}{4} \text{只·天}}{48 \text{只·天}} = \frac{\frac{3}{2} \text{个蛋}}{x \text{个蛋}}$$

将上式对角相乘,我们就得到

$$\frac{9}{4} \times x = 48 \times \frac{3}{2}$$

$$\frac{9x}{4} = 72$$

$$x = 32$$

一种示范性解答

不过,作为另一种解答,我们也可以建立以下可视化表示(在这里使用了一个表格式的布局):

	$\frac{3}{2}$只母鸡 $\frac{3}{2}$天下 $\frac{3}{2}$个蛋
前一行的2倍：	3只母鸡 $\frac{3}{2}$天下3个蛋
前一行的2倍：	3只母鸡3天下6个蛋
前一行的$\frac{1}{3}$：	3只母鸡1天下2个蛋
前一行的2倍：	6只母鸡1天下4个蛋
前一行的8倍：	6只母鸡8天下32个蛋

因此,6只母鸡8天应该下32个蛋。

8.4

杰克(J)和萨姆(S)都是当地比萨饼店的兼职工人。这家店每周营业7天。杰克工作1天,然后休息2天,然后这样继续。山姆工作1天,然后休息3天,然后这样继续。在3月1日星期二那天,杰克和萨姆都工作。在3月份的另外哪几天杰克和萨姆是在同一天工作的?

一种常见方法

一种常见的方法是先列两张清单,每个男孩各一张,它们分别列出每个男孩在3月份的所有工作日期。然后比较这两张清单上的日期,从而确定两个男孩都工作的那些日期。这是一个非常有效的解答方法,最终会得出正确答案。

一种示范性解答

解决这道题目的一个更有效的方法是用一个可视化的表示来

周日	周一	周二	周三	周四	周五	周六
		J 1 S	2	3	J 4	5 S
6	J 7	8	9 S	J 10	11	12
J 13 S	14	15	J 16	17 S	18	J 19
20	21 S	J 22	23	24	J 25 S	26
27	J 28	29 S	30	J 31		

审视该题。我们会画一张月历，然后在每个男孩工作的日期上简单地写上他的姓名首字母。

两个首字母都出现的那些日期就是两个男孩一起工作的日期。从这张图很容易看出这些日期是3月13日和3月25日。

另一个聪明的方法是换一个角度来解这道题。我们知道4和3这两个数是互素的，它们分别代表每个男孩工作周期的天数。他们的最小公倍数12就会是他们一起工作的间隔天数。因此，第1+12=13天是在第一天之后，他们一起工作的日子，第13+12=25天是他们下次一起工作的日子。

8.5

在县里的集市上,有几名员工的任务是要记录下每天参加特定活动的人数。罗莎琳德的笔记表明,从周一到周六,射箭场共有510人。加布里埃尔的记录显示,从周一到周三,射箭场共有392人。弗兰克发现周二和周五射箭场共有220人。阿黛尔发现,周三、周四和周六,射箭场共有208人。最后,阿尔弗雷德发现,从周四到周六,射箭场共有118人。假设所有这些数据都是正确的,那么周一有多少人在射箭场?

一种常见方法

通常的方法是建立一组方程,其中用不同变量来表示一周中的不同日子(分别用 M、T、W、H、F、S 来表示周一、周二、周三、周四、周五、周六)。这样会产生一组有6个变量的5个线性方程,如下所示。当然,并不是在每个方程中都会出现所有的变量。

$$M+T+W+H+F+S=510 \tag{8.1}$$

$$M+T+W=392 \tag{8.2}$$

$$T+F=220 \tag{8.3}$$

$$W+H+S=208 \tag{8.4}$$

$$H+F+S=118 \tag{8.5}$$

我们可以设法通过求解这组联立方程得到答案。跟前面一样,这个过程相当复杂,超出了大多数人的能力。[很少有人会意识到,将(8.1)式减去(8.3)式和(8.4)式,就会得到 $M=82$。]

一种示范性解答

让我们对所报告的参加人数给出一个可视化表示(作图):

员工	周一 (M)	周二 (T)	周三 (W)	周四 (H)	周五 (F)	周六 (S)	总人数
罗莎琳德	×	×	×	×	×	×	510
加布里埃尔	×	×	×				392
弗兰克		×			×		220
阿黛尔				×	×		×	208
阿尔弗雷德				×	×	×	118

请注意,除了周一之外,其他每天都被提到了3次。其结果是,后4个人记录的是参加人数的2倍,但"缺失"了一个周一。因此,我们就列出了下面这一个等式,周一出席人数:

$$2 \times 510 - (392 + 220 + 208 + 118)$$
$$= 1020 - 938 = 82$$

周一射箭场有82人。

8.6

阿曼达、伊恩、莎拉和艾米丽都让他们的宠物青蛙参加了集市上的青蛙跳跃比赛,看谁的青蛙跳得最远。阿曼达的青蛙在艾米丽的青蛙之前到达终点,但不是第一。莎拉的青蛙在阿曼达的青蛙后面,但不是最后。这些青蛙跳到终点的顺序是怎样的?

一种常见方法

最常见的方法是取4个筹码、代币或硬币来代表青蛙,并在每个筹码上贴上主人的名字。然后移动这些"青蛙",直到结果满足给定的条件。

一种示范性解答

一种比较简单方法的是使用可视化表示。我们知道的第一件事情,是阿曼达的青蛙在艾米丽的青蛙之前到达终点,但不是第一。我们的图一开始是这样的:

$$\underline{\text{阿曼达} \leftarrow \text{艾米丽}}$$

莎拉的青蛙在阿曼达后面,但不是最后。把这幅图继续下去,我们得到它们到达终点的顺序如下:

$$\underline{\text{伊恩} \leftarrow \text{阿曼达} \leftarrow \text{莎拉} \leftarrow \text{艾米丽}}$$
$$1 2 3 4$$

这幅图使我们很容易看出这些青蛙到达终点的顺序。

8.7

在瓦尔登营地的40个男孩中,有14个在湖里游了泳,13个打了篮球,16个去了森林远足。3个男孩既打了篮球,又在湖里游了泳。有5个男孩既在湖里游了泳,又去了远足。有8个男孩既打了篮球,又去了远足。其中有2个男孩把这三件事都做了。这个营里有多少个男孩没有参加任何活动?

一种常见方法

解答这道题目的传统方法是将所有的给定活动相加,然后减去那些重复的事件。

一种示范性解答

让我们用一种可视化表示来研究这道题目。我们会使用一幅维恩图(Venn diagram)①来显示这些数据(图8.8)。

三个圆重叠的区域包含的是做了所有3件事的2个男孩。这些圆表明:

在湖里游泳的人数 = 14

既打篮球又去森林远足的人数 = 8

既在湖里游泳又打篮球的人数 = 3

打篮球的人数 = 13

---

① 可参见爱德华兹,《心灵的嵌齿轮》(*Cogwheels of the Mind*),吴俊译,冯承天译校,上海科学技术出版社,2014。——译注

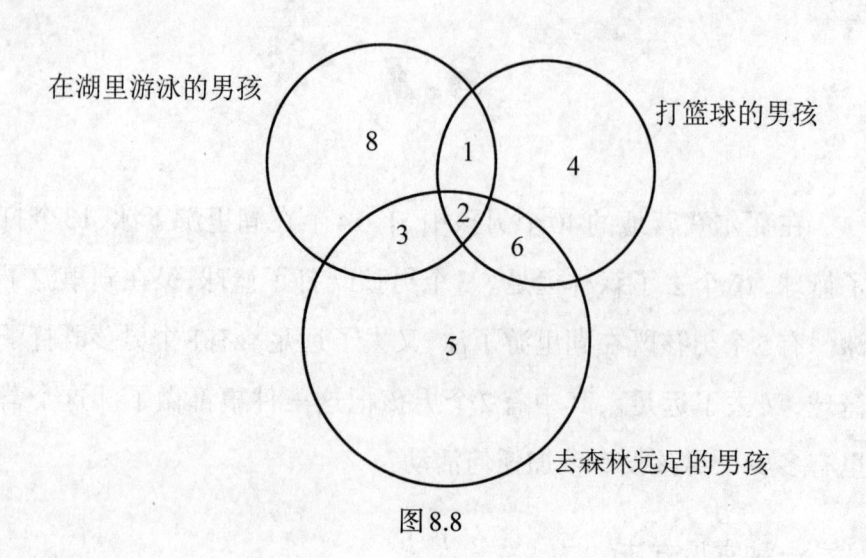

图8.8 中：
- 在湖里游泳的男孩：8
- 打篮球的男孩：4
- 去森林远足的男孩：5
- 交集区域标注：1、2、3、6

既在湖里游泳又去森林远足的人数 = 5

森林远足人数 = 16

当我们把此维恩图的所有这些单独的部分加起来,就得到 8 + 3 + 2 + 1 + 4 + 6 + 5 = 29。瓦尔登营地有 40 个男孩,其中 29 人参加了这三项活动,剩下 11 人没有参加任何一项活动。

8.8

4000到5000之间有多少个整数的各位数字是按升序排列的？

一种常见方法

我们要解答这道题目，首先要认识到第一位数字必须是4，这意味着第二位数字可以是5、6、7中的任何一个，但不能是8或9，因为这样的话，该数其余各位数升序排列的选项就不够了。以这种方式进行一些逻辑思考，应该会得到以下结论。题目要求的这些数为：4567、4568、4569、4578、4579、4589、4678、4679、4689和4789。

一种示范性解答

尽管从该题的性质而言，并不需要画出图形来，为了以一种更有组织的方式来处理这道题目，我们将使用一幅树形图，如图8.9所示。

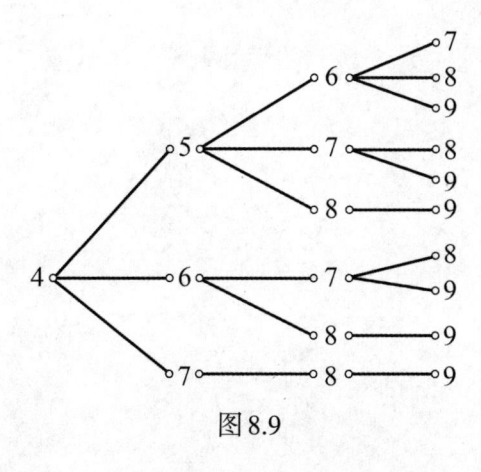

图8.9

从数字4开始,每条路径都指向一个介于4000到5000之间的数。有10条这样的路径,它们生成以下这些数:4567、4568、4569、4578、4579、4589、4678、4679、4689和4789。这样,我们就用图表系统表明了题目所要求的数,尽管题目并不要求使用图表。

8.9

我的弟弟收藏了一批小型塑像,有2条腿的猿猴和4条腿的水牛。如果他总共有100个塑像,而这些塑像总共有260条腿,那么这两种塑像各多少个?

一种常见方法

最常用的方法是解两个联立方程。用 a 表示猿猴塑像的数量,b 表示水牛塑像的数量。于是我们得到以下方程组:

$$a + b = 100$$
$$2a + 4b = 260$$

将第一个方程乘2,此方程组变为

$$2a + 2b = 200$$
$$2a + 4b = 260$$

将两式相减,得到

$$2b = 60$$
$$b = 30$$

有30个水牛塑像和70个猿猴塑像。

一种示范性解答

让我们利用可视化表示来解答这道题目。首先,让我们将题目中的数除以10,使题目更易于处理(但我们必须记住,要将最后得到的结果乘10,以回到原来的数),这样我们就有26条腿和10

只动物。然后我们画 10 个圆来代表这 10 只动物。现在，不管这些动物是猿猴还是水牛，它都必须至少有 2 条腿（图 8.10）。

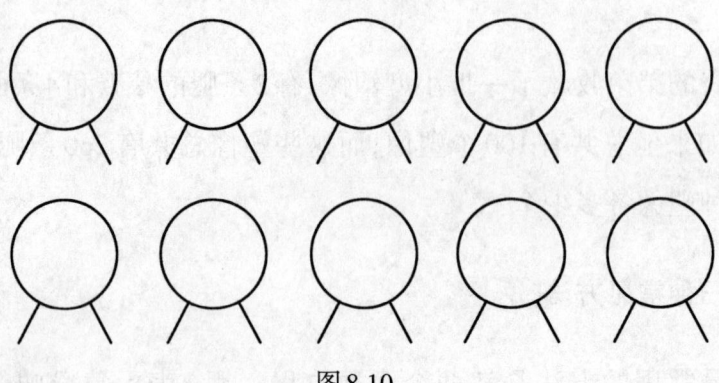

图 8.10

现在还有 6 条腿未计算在内——它们必须成对安装（图 8.11）。

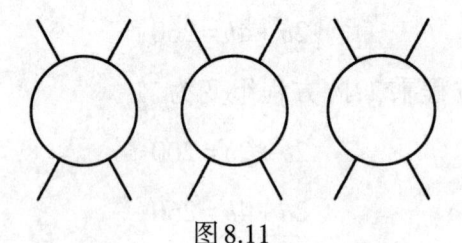

图 8.11

这样就有 3 只 4 条腿的动物，因此还剩下 7 只 2 条腿的动物。我们必须把这两个数乘以 10，因此得到 30 个水牛塑像和 70 个猿猴塑像。

第9章　考虑所有可能性

我们知道,组织题目中的数据有时会很有启发性。例如,当我们寻找一种模式时,将数据仔细地组织成一张清单或表格,可以有助于搜索,并帮助我们发现模式。一种特殊类型的清单极其重要,那就是"穷尽"的清单。在这种经过组织的清单中,所有可能性都以某种方式系统地列出。在这张清单中的某处就会有我们要找的东西。建立一张穷尽的清单使我们能够以一种经过仔细组织的方式检查所有的可能性。

举个例子,假设你有一盏灯坏了。我们可以列出所有的可能性(当然,这张清单可能是在脑子里的,但无论如何,它确实是一张清单),导致出现问题的可能是灯泡烧毁、电线损坏、电源插座不通电、断路器跳闸,甚至只是灯的一个开关坏了。我们可以一个接一个地排除,直至找到故障的原因。

下面是一个数学上的例子:

我们从一个2位数的完全平方数开始。当我们在它的两位数字之间插入一个数字时,我们就得到一个3位数的完全平方数。这个3位数的完全平方数是什么?

让我们来检查所有的可能性。首先,我们将列出所有2位数的完全平方数,共有6个。

$$16, 25, 36, 49, 64, 81$$

现在我们可以列出所有3位数的完全平方数：

100,121,144,169,196,225,256,289,324,361,400,441,484,529,576,625,676,729,784,841,900,961

我们使用第二张清单，检查其中每个数的第一位和第三位数字，看看哪些是由2位数的完全平方数构成的。我们发现只有196（在16的1和6之间插入9）、225（在25的2和5之间插入2）和841（在81的8和1之间插入4）满足给定条件。这两张详尽的清单向我们展示了所有的可能性。请注意，详尽的清单不仅会包含题目的答案，而且还限制了要探究的可能性的数量。

为了更好地理解这种解题技巧的价值，我们将考虑另一个例子：

当地电影院上午在其两个放映厅里各放映一部动画片。这两场动画片必须在下午1点前结束，以便开始放映他们的故事片。在放映厅A，动画片从上午9:00开始，9:28再放一遍，此后每28分钟重放一次。在放映厅B，动画片也从上午9点开始，但之后每35分钟重放一次。请问这两部动画片下一次同时开始是什么时候？

我们将这两个放映厅的放映时间列出一张穷尽的清单。

放映厅A	放映厅B
9:00	9:00
9:28	9:35
9:56	10:10
10:24	10:45
10:52	11:20

	（续表）
放映厅 A	放映厅 B
11:20	11:55
11:48	12:30
12:16	
12:44	

如果这样放映下去,接下去的任何开始时间就会在下午1:00之后。所以我们已经把它们全部列出了！答案就在这张可能性清单中的某处。这张清单告诉我们,两部动画片下次同时开始的时间只有上午11:20。

这个策略非常有价值,但你必须确定你已经考虑到了所有的可能性！我们需要一种经过仔细组织的方法,以确保我们将它们全部列出来。对于我们必须从其中加以选择的所有策略,我们要从中选出合适的一种,我们必须谨慎地使用这种合适的策略。在考虑所有可能性这一策略的情况下,解答可能会变得比较明显。

9.1

一位数学老师提到,他现在的年龄是一个素数。他注意到,距离他下一次年龄是素数的时间,和距离他上一次年龄是素数的时间一样遥远。这位数学老师多少岁了?

一种常见方法

这道题目并没有很多可供选择的解法。通常情况下,人们会开始用各种不同的数来测试,希望能"偶然碰上正确的数"。

一种示范性解答

在这里,我们肯定会赞赏考虑所有可能性这一策略。
我们考虑以下清单:

素数	2	3	5	7	11	13	17	19	23	29	31	37	41
差		1	2	2	4	2	4	2	4	6	2	6	4	2
素数	43	47	53	59	61	67	71	73	79	83	89	97	101
差		4	6	6	2	6	4	2	6	4	6	8	4

这样列出的一张从2到101的素数(尽管数学老师的年龄可能只需要检验20到80之间的素数)清单只表明了在两种情况下,三个连续素数有公差。第一种情况3,5,7是不可能的,因为数学教师的年龄不能是5岁。第二种情况是47,53,59,似乎给出了一个合理的年龄范围。因此,数学教师的年龄是53岁。

9.2

现有5美分、10美分和25美分三种面值的硬币共20枚,请问有多少种方式可以凑成总额3.10美元?

一种常见方法

可以预料,人们也许会立即尝试去构建一些代数表达式,以反映题目中给定的信息。因此,他们会得到:$n+d+q=20$,其中n、d、q分别表示5美分、10美分、25美分硬币的数量。这个式子可以写成$n=20-q-d$。此外还有一个式子:$25q+10d+5n=310$。将第一个等式代入第二个等式,就有:$25q+10d+5(20-q-d)=310$。于是得出$4q+d=42$,即$q=10+\dfrac{2-d}{4}$。到这时,常用的方法是去尝试各种值,以确定哪些值最有效。

一种示范性解答

我们现在可以使用一种聪明的方法了,即考虑d的值的所有可能性。首先,我们注意到我们必须确定q是一个整数。这就需要我们分离出q的分数部分,即$\dfrac{2-d}{4}=k$,或者写成$d=2-4k$。将此式代入q的表达式,得到$q=10+k$,于是$n=20-q-d=20-(10+k)-(2-4k)$,即$n=8+3k$。

由于$d=2-4k$,因此k的值要么是0,要么是负的。

下面这张表显示了k的各种可能值,以及由此得到的d、q、n的对应值。

k	d	q	n
0	2	10	8
-1	6	9	5
-2	10	8	2
-3	14	7	-1

当 $k=0,-1,-2$ 时,一切似乎都没问题。然而,当 $k=-3$ 时,就有 $n=8+3\times(-3)=-1$,这在本题中是没有意义的。因此,我们就得到了本题的答案:有三种方式可以凑成总额 3.10 美元。

9.3

为了装运一箱箱的金枪鱼罐头,公司可以用装8罐的小纸箱来包装,也可以用装10罐的大纸箱来包装。出于节约成本的考虑,他们总是尽量多用大纸箱。如果他们收到了一份96罐金枪鱼的订单,那么应该如何包装以备运送?

一种常见方法

这道题目适用于一种有趣的数学解答。如果我们用 x 代表小纸箱的数量,y 代表大纸箱的数量,那么就会得到如下方程:

$$8x + 10y = 96$$

然而,这是一个有两个变量的方程,而这种情况通常会导致多个答案。x 和 y 的值必须是整数,这个方程被称为丢番图方程(Diophantine Equation),是希腊数学家丢番图(Diophantus,约公元246—330年)提出的。让我们看看能不能解这个方程。用 y 来表示 x,得到

$$x = \frac{96 - 10y}{8}$$
$$= 12 - \frac{10y}{8}$$
$$= 12 - y - \frac{2y}{8}$$

但是 $-\frac{2y}{8}$ 必须是整数才能使 x 为一个正整数。令 $y = 4$,于是 $-\frac{2y}{8} = -1$,$x = 12 - 4 - 1 = 7$,即我们有7个小纸箱和4个大纸箱。

还有其他答案吗？让我们看看能不能找到其他答案。以类似的方式，我们令 $y = 0$，就可以得到12和0。最后，令 $y = 8$，我们得到 $x = 2$。

一种示范性解答

首先，考虑罐头装箱的所有可能性，并将数据组织成一张表格，由此来设法解答它。

小纸箱数	罐头数	大纸箱数	罐头数	总罐头数
12	96	0	0	96

我们似乎马上就得到了一组答案！这满足了题目的数值条件——他们必须装运96罐。然而，这是唯一的可能吗？毕竟，这个答案没有任何大纸箱。由于公司要尽量多用大纸箱，因此这个答案看起来很怪异。让我们将这张表继续下去，设法找出所有的可能性。

小纸箱数	罐头数	大纸箱数	罐头数	总罐头数
12	96	0	0	96
11	88		剩下8罐没法打包	
10	80		剩下16罐没法打包	
9	72		剩下24罐没法打包	
8	64		剩下32罐没法打包	
7	56	4	40	96
6	48		剩下48罐没法打包	
5	40		剩下56罐没法打包	
4	32		剩下64罐没法打包	

（续表）

小纸箱数	罐头数	大纸箱数	罐头数	总罐头数
3	24	剩下72罐没法打包		
2	16	8	80	96

因此有三种可能：2个小纸箱和8个大纸箱，7个小纸箱和4个大纸箱，12个小纸箱和0个大纸箱。不过，既然公司希望尽量多使用大纸箱，那么这道题目的答案就是2个小纸箱和8个大纸箱。请注意，从数学的角度来看，这三个答案全都满足有96罐金枪鱼待装运的给定条件。然而，虽然表格中很好地解释了三个答案，但这道题目的特定要求排除了其中的两个。

9.4

一枚标准骰子的相对两面的点数之和为7。这枚标准骰子有多少种不同的相邻三面的点数之和?

一种常见方法

通常情况下,人们会尝试画出一枚骰子,然后系统地计算各相邻面上的点数,以得出一个答案。还有些人会尝试列出任何三个面上所有可能的点数组合,而不管它们是否相邻。

一种示范性解答

我们将以一种使我们能考虑所有可能性的方式来组织数据。由于相对两面的点数之和是7,因此发生这种情况的可能性只有:

$$1 \text{ 和 } 6$$
$$2 \text{ 和 } 5$$
$$3 \text{ 和 } 4$$

现在我们知道,如果考虑相邻的三面,那么它们必须有一个共同顶点。由于一共有8个顶点,因此就会有8组相邻的三面,我们现在要列出这8组面并检查它们是否都有不同的点数和。为此,我们将从上述每一对相对面中各选一个数,即取3个数,然后对它们求和,这样就会选出所有可能的相邻三面。为了确保我们选出所有的可能性,我们将以一种有条理的方式来排列它们:

{1,2,3},点数和=6   {1,5,3},点数和=9   {6,2,3},点数和=11

{6,5,3},点数和=14   {1,2,4},点数和=7   {1,5,4},点数和=10
{6,2,4},点数和=12   {6,5,4},点数和=15

有8个不同的点数和,正如我们对8个顶点所预期的。

9.5

在一次人口普查中,一名男子告诉人口普查员他有三个孩子。在问及孩子们的年龄时,他回答说:"我不能告诉你,但我会告诉你的是,他们年龄的乘积是72,而且他们的年龄之和与我的门牌号一样。"人口普查员跑到房子前面看了看门牌号,然后说道:"我还是说不准。"那人回答说:"哦,是的,我忘了告诉你,我最大的孩子喜欢蓝莓煎饼。"人口普查员立即记下了他们的年龄。他们几岁了?(只考虑整数年龄。)

一种常见方法

最常见的方法是设法建立一组方程。如果我们设三个孩子的年龄分别为 x、y、z,那么我们就得到

$$x \cdot y \cdot z = 72$$

$$x + y + z = h \text{(其中 } h \text{ 是门牌号)}$$

这给我们留下了一个相当难以对付的局面:我们现在有一个由4个未知量组成的2个方程的系统。这道题看来不可能得到解答了。我们可以猜测,但那可能要花很长时间才能得到答案。

一种示范性解答

让我们来使用考虑所有可能性的策略。由于他们年龄的乘积是72,因此我们会首先列出所有乘积为72的三元组。我们会使用组织数据策略来确保列出所有的可能性。

1, 1, 72	1, 4, 18	2, 2, 18	2, 6, 6
1, 2, 36	1, 6, 12	2, 3, 12	3, 3, 8
1, 3, 24	1, 8, 9	2, 4, 9	3, 4, 6

请注意,在1,8,9之后,这些三元组"两次折返"到以2开头和以3开头。这是乘积为72的三元组的完整集合。在这张清单的某处隐藏着答案。现在,我们还知道他们的年龄之和等于门牌号:

1 + 1 + 72 = 74　　1 + 4 + 18 = 23　　2 + 2 + 18 = 22　　2 + 6 + 6 = 14

1 + 2 + 36 = 39　　1 + 6 + 12 = 19　　2 + 3 + 12 = 17　　3 + 3 + 8 = 14

1 + 3 + 24 = 28　　1 + 8 + 9 = 18　　2 + 4 + 9 = 15　　3 + 4 + 6 = 13

这位人口普查员看到了那个人的门牌号,但她还是说不准年龄。为什么还说不准呢?举例来说,如果门牌号是18,那么就很容易知道年龄是1、8、9。然而,她无法确定这些三元组中的哪一组是正确的,这一定是因为有两组三元组的总和都是14,门牌号一定是14。当那名男子说"我最大的孩子喜欢蓝莓煎饼"时,人口普查员就知道了一定有一个孩子的年龄是最大的,他们的年龄一定分别是3岁、3岁、8岁。因为取三元组2,6,6的话就没有最大的。

请注意,蓝莓煎饼其实只是用来分散你的注意力的,"最大"这词才是这道题的关键。

9.6

在图9.1中,可以画出多少条线,恰好同时是两个圆的公切线?

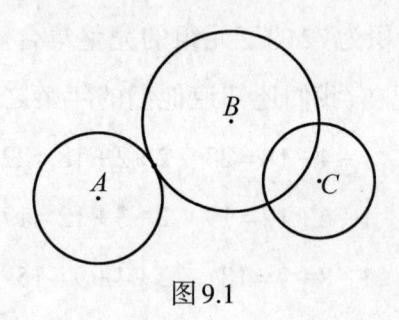

图9.1

一种常见方法

虽然我们可以作出所有的公切线,并对它们计数,但我们不一定能作出所有的公切线,因为作图过程很可能会变得太混乱。

一种示范性解答

解答这道题目的一种有组织有条理的方法是每次考虑两个圆,并考虑所有可能性。

圆A和圆B:2条外公切线+1条内公切线

圆A和圆C:2条外公切线+2条内公切线

圆B和圆C:2条外公切线。

因此总共有9条公切线。通过考虑所有可能性,这道题很容易就解决了。

9.7

玛丽亚正在帮她父亲铺一个长方形游戏室的地板。他们恰好使用了2005块方砖,有些是黑色的,有些是白色的。边框的宽度为一块方砖,并且仅由黑色方砖组成,其余的瓷砖是白色的。他们一共用了多少块白色方砖来铺游戏室的地板?

一种常见方法

如果我们画出游戏室的示意图,我们会得到如图9.2所示的一对矩形。如果内矩形的宽和长是 x 和 y,那么外矩形的宽是 $x+2$,长是 $y+2$。

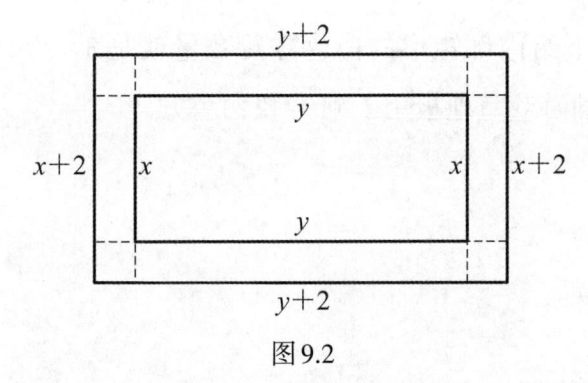

图9.2

可以预料,一个自然的反应是用代数方式表示给定信息,而建立以下方程:

$$(x+2)(y+2) = 2005$$

将该方程左边的乘法展开并简化后得到:

$$xy + 2y + 2x + 4 = 2005$$

$$xy + 2y + 2x = 2001$$

我们现在面对的是由两个未知量构成的一个方程,而我们要求的是 xy。这导致了一个两难的局面,因此不是一个切实可行的解答。

一种示范性解答

通过一些逻辑推理,我们从另一个角度来审视给定的信息,即考虑所有可能性。方砖的数量2005只能以两种方式分解因式:1×2005 或 5×401。这为我们提供了要求的矩形的两种可能的尺寸。第一种情况可以舍弃,因为如果宽度为1,那就根本没有白色瓷砖。因此,游戏室的地板必定由 5×401 块方砖组成。由于外"框"是以一块方砖为宽度铺成的一圈,因此全部由白色方砖组成的内部矩形,其长和宽各少两块方砖。当我们将其长和宽各减去两块方砖时,剩下给内部矩形的白色方砖数量就是 $3\times 399 = 1197$ 块。因此,他们铺游戏室地板用了1197块白色方砖。

9.8

给定从 –100 到 +100 的整数,对这些整数取平方所得的数中,个位数字为 1 的有多少个?

一种常见方法

一个自然的反应是首先列出从 1 到 100 的所有整数,然后对每个整数取平方,并计算个位数字为 1 的整数的个数。然后将这个数加倍,就可以得出题目所求的个数。

一种示范性解答

让我们使用考虑所有可能性的策略。只有个位数字为 1 或 9 的数,平方以后个位数字才为 1。因此,1 到 100 正好有 20 种可能性,即 1, 11, 21, 31, 41, 51, 61, 71, 81, 91, 9, 19, 29, 39, 49, 59, 69, 79, 89, 99。将这个数加倍,我们就得到了所有可能性,即在给定范围内有 40 个这样的整数。

9.9

图 9.3 显示了一个立方体的 3 个面。如果立方体的 6 个面是连续编号的,那么这 6 个面上的各数之和是多少?

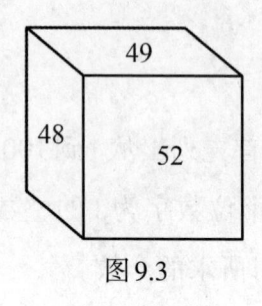

图 9.3

一种常见方法

大多数人都会注意到,这个立方体各面上的数是从 48 和 49 开始的。最常见的假设是,只需将这个数列延续 6 项,即将 48,49,50,51,52,53 作为各面上的数。由于图中给出的第 3 面 52 出现在这个数列中,因此有些人通常会很满意,并给出这 6 个数之和 303 作为他们的答案。

一种示范性解答

然而,我们应该考虑到所有的可能性。我们看到的仅是 6 个面中的 3 面。由于我们看到的是 48,49,52,因此也必定有 50 和 51。然而,第 6 个数可能出现在该数列的两端。因此第 6 个数有两种可能,47 或 53,这就产生了两种可能的和,297 或 303。

第10章 明智的猜测和检验

不知出于什么原因,将猜测作为一种解题策略的想法引起了一些人的质疑。事实上,有些老师常对自告奋勇给出不寻常答案的同学说:"你是知道,还是说只是在猜测?"在一些书中,这种猜测和检验的方法有时被称为"试错法",有时被认为是一种比较消极的表达方式。明智的猜测和检验,这种加上形容词后的说法应该会让你放心,我们向你保证,这确实是一种可行的,甚至是经常有用的策略。

我们生活中的大部分时间都在使用猜测和检验策略。例如,在烹饪时,我们会猜测烤箱里的烤肉的烤熟程度。然后我们用一个肉类温度计来检验我们的猜测,看看猜测是否正确。如果猜测不正确,那么我们就把烤肉放回烤箱,让它再烤一会儿,然后再重复这个过程。当我们在开车试图找到一个特定的地方时,我们会"猜测"它在一条特定的街道上。如果发现它不在那里,那么我们就会根据第一次检验中得到的信息再猜测一次。

在解题中,当某道题目的内容过于复杂时,我们可以使用这种策略,用一些特定的猜测来缩小其可能性。我们在检验每一个猜测时会发现一些信息,而这些信息使我们能够改进下一个猜测,并引导我们得到题目的最终答案。

当我们用猜测来帮助解题时,不应该是随意猜测,也不应该在没有明显理由的情况下胡乱猜测。在仔细阅读一道题目之后,我们决定采取一种可能的方法,如果这种方法合适的话,我们就做一个猜测。然后我们根据题目的给定条件来检验这个猜测。如果问题还没能得到解答,我们就根据上一次猜测中得到的信息进行第二次猜测。然后我们检验这个最新的猜测。这个过程可以一直持续下去,每次都根据之前猜测和检验的信息来改进我们的后续猜测,直到我们有足够的信息来解答题目。例如,假设要求我们找到数列2,0,4,3,6,7,8,12,10,18,___,___中划线处的两项,我们注意到了什么?似乎有一些项是随意增大或减小的。也许有两个数列交织在一起。这似乎是一个明智的猜测。让我们检验一下!

数列1:　　2　　4　　6　　8　　10　　(奇数位置项)

数列2:　　0　　3　　7　　12　　18　　(偶数位置项)

看来我们的猜测是正确的,确实有两个相互交织的数列。数列1由偶数组成。这个数列的下一个项是12。数列2表明各相继项之差每次增加1,分别为3,4,5,6,以此类推,下一项应该是25。于是我们就得到了题目的答案:划线处的两项是12和25。重要的是,读者要注意到,我们也在使用寻找一种模式的策略。在解答一道题目时,可能用到不止一种策略,这是很常见的。

也请注意,我们并不是以一种胡乱的、盲目的方式作出猜测的。相反,这些猜测都是基于对给定条件和我们想要找到的东西的仔细观察。这些都是明智的猜测!请记住,这种策略被称为明智的猜测和检验是有原因的。这是一种非常有用的策略。

我们将在下面这道题目中考虑对这种策略的另一个应用。

一家本地公司必须完成一份橡胶弹珠和橡胶球的订单。

橡胶球每个重1盎司,而橡胶弹珠是实心的,每个重2盎司。两者的尺寸完全相同。一个箱子可以装50个这样的球形物体。每个箱子恰好装80盎司的情况下,运费最合算。他们应该在每个箱子里各放多少个橡胶弹珠和橡胶球?

除了列方程的常规解法,我们还可以用一种有趣的方法,即明智的猜测和检验策略。我们可以列一张表来记录我们的猜测过程。我们将从中间数开始,橡胶弹珠和橡胶球各25个。

橡胶弹珠数量	重量/盎司	橡胶球数量	重量/盎司	总重量/盎司
25	50	25	25	75(太少)
35	70	15	15	85(太多)
30	60	20	20	80(正好!)

他们应该装30个橡胶弹珠和20个橡胶球。如果我们一开始尝试的是其他值,就会注意到所得的结果会趋向于上述正确解答。不过,明智的猜测让我们能够减少自己的猜测。

让我们来看看另一道题目,它的解答会让人更好地理解这种策略。

掷飞镖在许多国家都是一项非常流行的运动。帕梅拉向一个圆靶投掷了一些飞镖,靶上的各分区标有2,3,5,11,13。如果帕梅拉的得分正好是150分,那么她最少可能投掷了多少枚飞镖?

既然我们想求最少数量的飞镖,我们就应该设法使分数较高的分区尽可能多地被投中。那么,让我们用一个表格来组织我们的数据。

13分	11分	5分	3分	2分	总飞镖数	总得分
12					12	156(太大)
11		1		1	13	150
10		4			14	150
9	3				**12**	**150**
8	4			1	13	150
7	5			2	14	150

她最少可能投掷了12枚飞镖。请注意，我们又使用了一个组织数据的策略来检验我们的猜测。在使用明智的猜测和检验策略时，表格通常是非常有价值的辅助工具，因为它有助于记录我们从每次相继猜测中获得的信息。

10.1

一个本地农场有一片蓝莓种植地,这些植物排成一个正方形方阵,因此行数等于列数。农场主决定增加行数,以及相同的列数,以扩大这片蓝莓种植地。他的这片新种植地增加了211株蓝莓。他原来的那片种植地一排有多少株蓝莓?

一种常见方法

我们可以用代数方法来写出一个方程。用 x 表示原来的行数和列数。所以原来的植物数量是 $x \cdot x$ 或 x^2。如果我们用 b 代表新增的行数和新增的列数,那么全部的植物数量就是 $(x+b)^2$。现在我们可以列出方程

$$x^2 + 211 = (x + b)^2$$
$$x^2 + 211 = x^2 + 2bx + b^2$$
$$211 = b^2 + 2bx$$

这带来了一个问题。我们只有一个关于 b 的二次方程,但其中也包含 x。我们现在能做什么?也许我们可以将一些值代入这些变量,看看是否能解出这个方程。虽然这可能得到一个正确的答案,但不是一个非常高效的方法。

一种示范性解答

让我们使用明智的猜测和检验策略来完成解答。211恰好是一个素数,而 x 和 b 必须是正整数。如果我们把上面的方程分解因式,就得到

$$211 = b(b + 2x)$$

由于211是一个素数,因此它只有两个因数:211和1。于是b必定等于1,而$b+2x$必定等于211。因此,$2x=210$,即$x=105$。原来的种植地一排有105株蓝莓。

10.2

杰克想用篱笆围成一块长方形的菜地。他有20英尺的篱笆可用。如果他想把尽可能大的面积围起来,那么这块菜地长和宽分别是多少?

一种常见方法

凭直觉最容易想到的是代数方法。我们可以设法列出一些方程,然后对它们联立求解。这样的话,我们会用 x 代表长,y 代表宽。然后我们得到:

$$2x + 2y = 20 \quad 即 \quad x + y = 10$$

建立第二个方程带来了一个新问题——我们如何表示最大面积? 也就是说,我们想要使 xy 的值为最大值。我们能做什么? 看来我们得放弃这种方法了。

一种示范性解答

直接猜测表明,长为8、宽为2"可行"。但其他一些成对的数也可行。让我们使用明智的猜测和检验策略,看看哪些尺寸会给出最大的面积。我们将用一张表格来记录我们的猜测。由于我们用一个宽乘一个长得到面积,因此我们在表中使用周长的一半——10,并从尽可能大的长开始猜测。

长	宽	面积/平方英尺
9	1	9
8	2	16
7	3	21
6	4	24
5	5	25
4	6	24
3	7	21
2	8	16
1	9	9

看起来一个 5×5 的矩形（正方形）的面积最大。但如果长和宽取分数呢？题目中并没有说长和宽必须是整数。让我们把一些分数放入表格，看看会发生什么。

长	宽	面积/平方英尺
9	1	9
8	2	16
7	3	21
6.5	3.5	22.75
6	4	24
5.5	4.5	24.75
5	5	25
4.5	5.5	24.75
4	6	24
3	7	21
2	8	16
1	9	9

看起来周长为 20 英尺的、面积最大的矩形，是一个 5 英尺×5 英尺的正方形。有些人早已熟悉了这样一个事实：对于一个给定周长的矩形，正方形的面积是最大的。如果是这样的话，那么很快

就能求出答案:一个周长为20英尺的正方形,其面积就是5×5=25平方英尺。

10.3

大于510的最小素数是多少?(请记住,素数是一个只有两个因数的数:1和这个数本身。)

一种常见方法

由于题目要求大于510的最小素数,因此我们从511开始,然后是512,以此类推。对其中的每一个后继的数,我们从2,3,…,直至该数的一半作为除数。当这些可能的除数都不能整除该数时,我们就知道这个数就是我们要找的那个素数。

一种示范性解答

让我们使用明智的猜测和检验策略来缩小可选范围。我们知道,如果大于510的那些数的个位数字是0、2、4、5、6或8,那么它们就不可能是素数。此外,你可能还记得,各位数字之和为3的数能被3整除。这将消除一些大于510的可能的数,如513。因此,我们就把猜测限制在511、517、521等。用上述方法,我们发现521是大于510的最小素数。

10.4

一英里接力队由4名赛跑者组成：古斯塔夫（Gustav）、约翰（Johann）、理查德（Richard）和沃尔夫冈（Wolfgang）。他们每人跑一圈，即四分之一英里。碰巧的是，他们接力的顺序和他们名字的首字母顺序相同。每位赛跑者跑完四分之一英里的时间都比前一位快2秒。他们以3分40秒的成绩完成了比赛。各位赛跑者分别以多少时间跑完他的一圈？

一种常见方法

我们可以用一些简单的代数来解这道题：

$$x = 古斯塔夫跑一圈所用的时间$$
$$x - 2 = 约翰跑一圈所用的时间$$
$$x - 4 = 理查德跑一圈所用的时间$$
$$x - 6 = 沃尔夫冈跑一圈所用的时间$$
$$3分40秒 = 220秒$$
$$x + (x-2) + (x-4) + (x-6) = 220$$
$$4x - 12 = 220$$
$$4x = 232$$
$$x = 58$$

古斯塔夫跑完他的一圈用时58秒，约翰用时56秒，理查德用时54秒，沃尔夫冈用时52秒。

一种示范性解答

当然,这个常见的解答需要代数方程的知识。不过,我们仍然可以通过明智的猜测和检验策略来解这道题。我们假设这些赛跑者的速度大致相同,因此我们可以用220除以4,将得到的55作为我们的第一个猜测。

猜测	古斯塔夫	约翰	理查德	沃尔夫冈	合计/秒
1	55	53	51	49	208(太少)
2	60	58	56	54	228(太多)
3	59	57	55	53	224(太多)
4	58	56	54	52	220(正确)

因此古斯塔夫用时58秒,约翰用时56秒,理查德用时54秒,沃尔夫冈用时52秒。

10.5

丹有一个盒子,里面只有13美分和8美分两种面额的邮票。他想寄一个邮资正好为1美元的包裹。如果丹只使用他的13美分和8美分邮票,他会在包裹上贴上这两种面额的邮票各多少张?

一种常见方法

我们可以尝试用代数技巧来解这道题。如果我们用 x 代表13美分(0.13美元)邮票的数量,y 代表8美分(0.08美元)邮票的数量,那么我们就得到以下方程:

$$0.13x + 0.08y = 1.00$$

如果我们把所有单位都改成美分,那么我们就得到:

$$13x + 8y = 100$$

但这是一个包含两个未知量的方程,这意味着它有多个答案,不妥。由于邮票的数量必须是整数,因此我们在设法解答的是一个所谓的丢番图方程。

我们先求出 $y = \dfrac{100-13x}{8}$。当我们做这个除法时,把商和余数分开,然后把余数写在一起,我们就得到 $y = 12 - x + \dfrac{4-5x}{8}$。

但是,分数部分必须是一个整数,因为我们不能有分数枚邮票。让我们为 x 选择一个值,使分数部分成为一个整数。设 $x = 4$。于是 $y = 12 - 4 + (-2)$,即 $y = 6$。

因此,丹要使用6枚8美分邮票和4枚13美分邮票。(但是,还有其他的可能性吗？我们找到所有的答案了吗？）

一种示范性解答

一种更优雅的方法是用一张表格来组织数据，从而使用明智的猜测和检验策略。

13美分邮票的数量	金额/美分	8美分邮票的数量和金额	结论
7	91	不能用8美分邮票组成剩下的9美分	
6	78	不能用8美分邮票组成剩下的22美分	
5	65	不能用8美分邮票组成剩下的35美分	
4	52	**6枚8美分邮票是48美分**	**得到总额1美元**
3	39	不能用8美分邮票组成剩下的61美分	
2	26	不能用8美分邮票组成剩下的74美分	
1	13	不能用8美分邮票组成剩下的87美分	
0	0	不能用8美分邮票组成剩下的1.00美元	

因此，4枚13美分邮票加上6枚8美分邮票正好组成丹需要的1美元。请注意，表格清楚地显示了这是唯一可能的答案。

10.6

两个正整数之差是5,把它们的平方根相加得出的和也是5。那么这是哪两个正整数?

一种常见方法

传统的方法是建立下面的方程组:

设 x 为第一个正整数,

设 y 为第二个正整数。

于是,

$$y = x + 5$$
$$\sqrt{x} + \sqrt{y} = 5$$
$$\sqrt{x} + \sqrt{x+5} = 5$$

将第三个方程两边平方得

$$x + x + 5 + 2\sqrt{x(x+5)} = 25$$

简化后得

$$2\sqrt{x(x+5)} = -2x + 20$$

再将此式两边平方后得

$$4x^2 + 20x = 4x^2 - 80x + 400$$
$$100x = 400$$
$$x = 4$$
$$y = 9$$

这两个正整数是4和9。

一种示范性解答

显然,上面这个过程需要知道如何去解带根号的方程,并且需要大量细致的代数运算。作为一种替代方法,让我们利用明智的猜测和检验策略来解这道题。由于两个正整数的平方根之和是5,因此这两个平方根必须分别是4和1,或者3和2。于是这两个整数就必须是16和1,或者9和4。然而,考虑到这两个正整数之差是5,我们就能确定9和4是正确的答案。

10.7

足球队的教练让队员们自己选择球衣背面的号码。麦克斯和萨姆不仅参加了足球队,而且还参加了数学队。因此,他们决定选一对非常特殊的数,以此作为他们的号码。他们选的数平方后各自形成一个两位数的平方数。此外,当他们站在一起时,形成的四位数也是一个完全平方数。他们选了什么号码?

一种常见方法

大多数人尝试的方法是从 1, 2, 3, 4, 5, … 这些数开始,把每一个都平方,看看哪些会产生两位数的完全平方数。然后他们会试着把这些完全平方数并排放在一起,看看哪两个会组成一个完全平方数。然而,随机猜测并不是最有效的时间利用方式。

一种示范性解答

我们可以利用明智的猜测和检验策略。首先,我们可以减少可供选择的数。要在平方后形成一个两位数,原数就必须是 4 到 9 之间的数,因为 1, 2, 3 平方后产生一位数,10, 11, …, 31 平方后产生三位数。这样形成的平方数是 16, 25, 36, 49, 64, 81。我们从 16 开始,检查其中哪一对并排放置时会形成一个新的完全平方数。请注意,如果我们检查 1625(不是完全平方数),那么我们还必须检查 2516(同样不是完全平方数)。为了以一种聪明的方式进行猜测,我们将 16 与余下的那几个可能的两位数配对。当我们检查到16和81这对数时，它们并排放置得到1681，也就是41^2。麦克斯和萨姆选择的原数显然是4和9。

请注意，3和4这两个数也可以，因为$3^2=9$，$4^2=16$。我们将它们并排放置得到169，这是一个完全平方数。不过，题目规定他们组成一个四位数的平方数，因此就排除了这个答案。

10.8

丽莎每周的作业要解26道算术题。为了鼓励她,她爸爸答应每做对一题给她8美分,但是每做错一题要扣掉5美分。丽莎在完成她的作业后,发现她和爸爸互不相欠。丽莎做对了几道题?

一种常见方法

一个简单的代数方法应该能让我们解答这道题。

用x代表丽莎做对的题数,y代表她做错的题数。于是,

$$8x - 5y = 0$$
$$x + y = 26$$

由第一个方程得$8x = 5y$,即$x = \dfrac{5y}{8}$。

代入第二个方程,得到下面一系列方程

$$\dfrac{5y}{8} + y = 26$$
$$5y + 8y = 208$$
$$13y = 208$$
$$y = 16$$
$$x = 10$$

她做对了10道题,做错了16道题。

一种示范性解答

对于那些不熟悉求解二元一次方程组的人而言,这道题适合

使用明智的猜测和检验策略。我们将数据记录在一张表格中。假设我们从中间数开始,即做对13、做错13题。

做对的题数×8	做错的题数×(−5)	总和/美分
13 × 8 = 104	13 × (−5) = −65	39
12 × 8 = 96	14 × (−5) = −70	26
11 × 8 = 88	15 × (−5) = −75	13
10 × 8 = 80	16 × (−5) = −80	0

丽莎做对了10题,做错了16题。

将有条理的猜测列成表格,就很容易揭示答案。请注意,这些猜测并不是毫无根据的胡乱猜测。相反,我们是从中间开始的,然后向上或向下移动,每次计算一种情况。由于我们的第一个猜测远高于答案,因此我们决定每次将做对题数少猜1题,而将做错题数多猜1题,这样使得每次总和减少13美分,即再做错3题后,总和归零。

10.9

考虑以下面值的美国硬币:1美分、5美分、10美分、25美分、50美分(不包括1美元硬币)。要组成从1美分到1美元的任何金额,最少要用几枚硬币?用的是哪些硬币?

一种常见方法

一种方法是将每种面值的硬币都取若干枚,并设法找到要组成从1美分到1美元的所有金额最少需要的硬币数量。换句话说,有人会实际去执行所需的操作。还有些人会试着从2个50美分硬币开始逆向操作。这两种方法都不是很高效!

一种示范性解答

使用明智的猜测和检验策略。显然,我们需要4枚1美分硬币来开始,这样我们就可以得到1到4美分的各种金额。加上一枚5美分硬币,我们就能得到1到9美分之间的每种金额。再加上一枚10美分硬币,我们就可以得到1到19美分的所有金额。再加上另一枚10美分硬币,我们就可以得到1到29美分的所有金额。再加一枚25美分硬币可以让我们得到1到54美分的所有金额。最后,我们还需要一枚50美分硬币来完成从1美分到1美元的所有金额。所以我们需要下列9枚硬币:

1美分,1美分,1美分,1美分,5美分,10美分,10美分,25美分,50美分。

我们可以随机选择一些金额，并尝试使用我们的9枚硬币来组成这些金额，从而测试我们的结果。例如，要组成73美分，我们需要1个50美分、2个10美分和3个1美分，共6枚硬币。

10.10

古埃及有许多杰出的数学家,金字塔和他们建造的许多寺庙都证实了这一点。他们是最早认识分数的民族之一,并且他们会把分数写成几个单位分数(单位分数是分子为1的分数)之和。例如,

$$\frac{5}{6}可以写成\frac{1}{2}+\frac{1}{3}$$

$$\frac{3}{10}可以写成\frac{1}{5}+\frac{1}{10}$$

$$\frac{11}{18}可以写成\frac{1}{3}+\frac{1}{6}+\frac{1}{9}$$

请问古埃及人会如何把$\frac{23}{28}$写成单位分数之和?

一种常见方法

传统的方法是列出数个不同的单位分数,求出它们的公分母,然后将它们实际相加,找出等价的单位分数集。以这样一种完全杂乱无章的方式来做,几乎是不可能成功的。因为这道题可能性的数量近乎无限多种。

一种示范性解答

仅仅是猜测很难得到结果,但明智的猜测和检验可以以一种有条理的方式来解答这道题。让我们来检查一下上面给出的那几

个例子。

首先请注意,这些单位分数的分母都是原始分母的因数。在第一个例子中,分母2和3分别是原始分母6的因数。因此,我们的单位分数的各分母都是28的因数。接下来,我们注意到,所有单位分数都以最大的可能单位分数开始,然后是次大的单位分数,并以这种方式继续。显然,这里最大的单位分数会是 $\frac{1}{2}$。用28的因数作为可能的分母,$\frac{1}{4}$ 就是我们的下一个单位分数。如果我们将这两个分数相加,就得到 $\frac{1}{2}+\frac{1}{4}=\frac{14}{28}+\frac{7}{28}=\frac{21}{28}$。但是,我们还需要加上 $\frac{2}{28}=\frac{1}{14}$ 才能得到我们想要的和 $\frac{23}{28}$。因此,要求的单位分数之和是:$\frac{1}{2}+\frac{1}{4}+\frac{1}{14}$。

我们这里使用的方法适用于原始分母是合数的那些分数。当分母是素数时,必须使用不同的流程。

PROBLEM-SOLVING STRATEGIES IN MATHEMATICS:
FROM COMMON APPROACHES TO EXEMPLARY STRATEGIES
by
ALFRED S. POSAMENTIER, STEPHEN KRULIK
Copyright © 2015 by World Scientific Publishing Co. Pte. Ltd.
Simplified Chinese edition Copyright © 2025 by
Shanghai Scientific & Technological Education Publishing House Co.,Ltd.
ALL RIGHTS RESERVED
上海科技教育出版社业经 World Scientific Publishing Co. Pte. Ltd. 授权
取得本书中文简体字版版权

责任编辑　孔令一　　封面设计　杨　静

解题策略
——10种核心数学思维与例题详解

[美]阿尔弗雷德·S.波萨门蒂　　著
[美]斯蒂芬·克鲁利克

涂　泓　冯承天　译

上海科技教育出版社有限公司出版发行
（上海市闵行区号景路159弄A座8楼　邮政编码201101）
www.sste.com　www.ewen.co
各地新华书店经销　上海商务联西印刷有限公司印刷
ISBN 978-7-5428-8325-4/O·1214
开本 720×1000　1/16　印张 15.75
2025年8月第1版　2025年8月第1次印刷
定价:59.80元